人生不设限

Life is Unlimited

让成功来得更猛烈些

嵇振颉 著

不忘初心，方

中国商业出版社

CONTENTS
目录

PART 01/ 对自己狠一点	001
不逼自己一把，永远不知道自己有多优秀	002
“我有！我会！我能！”	006
要看到更美的世界，不妨来个倒立	010
从“赔钱”领域发起逆袭	013
让危难，成为激活“荷尔蒙”的钥匙	017
把自己变强才是王道	020
PART 02/ 我就是我，无需别人暖场	025
她的演艺生涯，不需要商业片来暖场	026
我很丑，但依然要出来“吓人”	030
自信的溶液里，还要添加勇气	034
没有马鞍，照样敢上马	038
一条道走到亮	041
别指着他人发现你的才华	045
PART 03/ 你是自己世界里的 king	049
追梦，有时要“一意孤行”	050
不做箭囊的奴隶	053
灰暗中，也能描摹光明的未来	056
就是要做打不死的“小强”	059
你的身上，不能少了“傲气”	063
昔日被撂倒，成就今日之辉煌	067

PART 04/ 行动！还是行动！ 071

“野心”打造求职创业的平台 072

把成功做成学问，他的选择没错 075

趁年轻“任性”一把，我的青春我做主 078

课程表带来的亿万财富 081

赢在果断上 085

加满油料，才能舍命狂奔 088

PART 05/ 安逸不是我的菜 093

“偷来”的技术 094

把苦差事干得有滋有味 097

别怕失意，那是下一次成功的起点 100

别样的“大学生活” 103

寒水中畅游的古稀教授 107

走出安逸的圆圈 110

PART 06/ 拆掉心中那堵墙 113

哪怕上天夺走一切，我依然会微笑 114

拥有一颗不服老的心 117

权威并不可怕 120

别把自己太当回事 123

对自己勇敢说“不” 126

跳出标准答案的藩篱 129
PART 07 低效会把你整得很惨 133
把大石头先放进瓶里 134
才智用对地方，“学渣”也能变身 CEO 137
安顿自己的灵魂 140
让别人去说吧，我只需堵上耳朵 143
给生活留白 146
PART 08/ 你，需要更多双手托举 149
不因人微生鄙视 150
常怀感恩之心 153
慷慨大气，让你更招人喜欢 156
宽容之心增人望 159
用真诚赢得好人缘 162
找到人生的贵人 166
PART 09/ 勒住时间的蹶子 169
不抄捷径，就是最大的捷径 170
给目标来个庖丁解牛 174
花时间陪陪自己 177
快点下手，生活不会等你 180
年轻时，就该活出个样子 183

用好时间做对事 186
PART 10/ 让头脑风暴来得更猛烈些 189
“螺蛳壳”内，也能做“道场” 190
别摔倒在熟悉的路上 193
不用简历求职 196
过期食品也能吃? 200
眼界决定境界 203
自我推销，需要来点绝的 206
PART 11/ 不惜一切，守住梦想的阵地 209
把诱惑赶走 210
梦想，不会嫌弃你是否卑微 213
无用之书成就大用 216
一辈子，就做好一件事 219
永恒的春天在他心中 222
足尖上的青春 225
PART 12/ 做个瞄准机遇的狙击手 229
推开那扇虚掩的门 230
藏在城市中的袖珍农场 233
弯腰捡起希望 237
在“岔路”上找回自信 240
被命运绊倒，前方仍会有机遇 244

艺术的执着、对教学的认真。课堂上，他严格要求学生，遇到不认真学习的，还会家访。副课老师家访，让人不可思议。他好几次吃到闭门羹，还有很多冷言冷语。这些不算什么，责任心驱使他，不能放任不管。

表叔活在自己的世界里，招来很多异样的目光。有人背后议论，说他不合群，老爱玩深沉；这么大岁数，连女朋友也不谈……他只是一笑了之，别人想怎么说就怎么说吧。只要尽心尽责、教好学生，他也对得起这份工作、这份工资。

周末下午，我和表叔在咖啡馆内。昏黄柔和的灯光、舒缓轻快的音乐、诱人的奶油香味，松弛着一周工作紧绷的神经。我们悠然喝着咖啡，无意中聊到他小时候抓阄的趣事。表叔周岁时，父母拿来一大堆东西，有吃的、用的、玩的。表叔抓住那个洋娃娃，姑奶奶很失望，说这孩子以后会早恋、不会有大出息。姑爷爷却说不见得，也许他的人生会和异国他乡有瓜葛，可能会娶到一个外国媳妇。抓阄这种事，不要太当真。

我听后，大笑不止。表婶是外国人？会是真的吗？表叔没好气地说，哎，人生如戏，戏如人生。我目前的状况，结婚是奢望。别说是城市女孩，就连外地女孩都不会正眼看我。不过命运将来会怎样，谁也说不清。

表叔的父亲因病早亡，母亲身体也不好，“三高”严重，早年病退在家。除去日常开销和给姑奶奶看病吃药，日子过得紧巴巴的。似乎有双无形的大手，逼着表叔去改变、去尝试不同道路。

他开始在艺校当兼职美术老师，教孩子画画。收入多了，但休息日没了。那些学生和家长倒很尊敬他，心里产生一种优秀感，这种感觉，是学校里体会不到的。

贵人终于降临到身边。那天周日，下午五点半，他拖着疲惫的身子，从教室出来。中午赶时间，他只吃了一个肉馒头。才下午三点多，肚子就开始咕咕叫。好不容易熬到下课，他直冲艺校旁的小面馆。老板见他进来，心照不宣地端出一碗雪菜肉丝面。他每次都点这个，便宜、美味、吃得饱。正在他大快朵颐时，耳边响起浑厚的男中音："周老师，你在这里吃面？"

说话的是一位学生的家长，那孩子几个月前来学画，表叔和他简单聊过几句。这位家长是某文化传媒公司的总经理，有很广的人脉关系。平时公司里业务繁忙，没空来接孩子，正巧今天有空，他亲自开车过来。

他和表叔越聊越投机。最后，他说他们公司要储备一批文艺人才，想让表叔到国外深造，学费他出。不过前提是先要辞职，而且学成后，不能保证一定被公司留用。国外留学"镀金"，早不像前些年那么值钱。老师这份工作，说好不好、说差也不差，主要是稳定、不容易失业。要是辞了，以后深造回来找不到更好的工作，怎么办？

命运再次逼了他一把，屈就稳定、安逸，还是选择冒险、高收益？表叔选择了后者，一个月后，来到了大洋彼岸的美国。

国外打拼经历并不轻松，好在表叔适应能力很强，很快生活和学习走上正轨。尤其是学业上突飞猛进，三年后拿到硕士学位。深造期间，表叔结识了一位善良的美国姑娘。相爱、结婚，一切顺理成章，应验了父亲的预言。表叔的画作中西风格兼容，很快在国内外走红。回国后，尽管那家公司抛出橄榄枝，他却没有去那里高就，自己开了家美术工作室。每年的收入，是做老师时的数百倍。

社会上，有多少人浑浑噩噩，度过一个个白昼与黑夜？又有多少人恪守“冥冥之中自有定数”的信条，由此安于现状、不思进取？

人的平庸，多数不是因为能力不够，而是主观上甘于平庸。当内心深处认同当前状况，就会在机械重复中消磨斗志、涣散取胜的决心。

除了客观环境所迫，更需在主观上逼一逼自己，就如雕琢一块美玉。玉如人生，玉的成形有如人生的历炼，没有忍受被雕凿的痛苦，不能成为一块真正璀璨耀目、价值连城的宝石。逼着自己去感受世间的冷暖，品尝生活的百味，人生也会多一抹靓丽的色彩。经历这种炼狱般的苦痛，我们才能大鹏展翅、直冲云霄。

不逼自己一把，永远不知道自己有多优秀。

“我有！我会！我能！”

遇到看似不可能完成的任务，是躲避，还是主动面对？不确定的环境、看不清的未来，是安逸地折返回去，还是像个“二傻”勇往直前？

“也许我的听觉没有常人好，但在其他方面，我相信自己能比常人做得更好”。邰丽华，上天将她残忍地抛弃在无声世界中。但她不甘于命运的安排，凭着自己的直觉和努力，让人生绽放出绚烂的光辉。她是不屈服命运的智者，更是敢于挑战自己的勇士。

每个人都不是完美无缺，但不能丢失挑战的勇气。只有敢于向自己挑战，才能有成功的希望。

阿华是我的大学同学兼室友、死党。大学毕业后，他去了遥远的澳洲攻读硕士学位，从此联系变得少了。心中多了份失落，为失去一个知己失落。人生得一知己不易，难怪伯牙会因为钟子期亡故而摔琴。

好在不像伯牙和钟子期那么凄惨，我们还有见面机会。这天刚下班，我像根木桩子杵在拥挤的地铁车厢内。手机铃声响了，是阿华，不过声音有些陌生。他要回国了，几天后就能见到他。

我坐在西餐厅靠窗的位子上，静静望着街道上来来往往的人流。周边风云际会，逼着孤弱的我们去适应，去改变。八年多不见，不知阿华变成什么模样。就连自己都已面目全非，更别提在异国他乡打拼的阿华。

一辆奔驰汽车停在门口的停车场上，车上走下来一个沉稳干练的年轻人。我没看错？真的是阿华！他都开奔驰了！记忆中，他家里经济条件一般。读大学时，我还常常接济他。现在，估计要轮到他接济我的地步。

阿华的举手投足彬彬有礼，就连用西餐的动作都那么优雅。我们边吃边聊，此前八年的经历，如一本大书，在闲聊中被一页页翻开。

为了筹措留学费用，阿华父母变卖宽敞的住房。飞机场出发大厅，阿华不停回头，两鬓斑白的父母，让他有了种“风萧萧兮易水寒”的悲壮。父母把所有“赌注”都押在他身上，此刻变成生命不可承受之重。从踏上澳洲这片土地，他就留意各类报刊上的兼职信息。他长得有些文弱，求职很不顺利。

后来，一家公司招聘线路监控员，每周工作三天，待遇也还不错。阿华再次“满血复活”，屁颠屁颠地去公司面试。这次情况有了转机，面试官对他很满意。就在他做好入职准备时，“黑天鹅”出现了。

“你有车吗？会开车吗？这份工作要经常外出，没车几乎寸步难行。”面试他的是位中年妇女，论岁数和妈妈差不多。或许生活中，她是慈母、贤惠的妻子，但工作场合，她必须收起女性的温柔、贤淑，让自己符合 HR 的角色要求。

阿华开始冒冷汗，这两个问题彻底打中他的“七寸”。他是个穷学生，哪会有车？大学四年，能熬过来就不错，怎么还会想到学车？可工作需要他有车、会开车。

眼前，浮现出父母挤在那间破旧的一室户内，母亲佝偻着背在操持着家务，父亲则不停咳嗽。

他不加思索地回答：“我有！我会！”画面消失那一刻，他说出了这两个词。

考验还没有结束：“四天后，开着你的车来上班。”四天，对方只给了他四天时间。四天学会开车，这几乎是不可能完成的任务。

好在他有个远房亲戚已经移民澳洲，他赶忙去抓这根救命稻草。

钱借到了，500澳元。还没赚钱，就欠下一笔债务。他从旧车市场买了一辆外表丑陋的“甲壳虫”，还是亲戚帮他开出来的。

他制定了周密的学习计划。第一天，他开始学习简单的驾驶技术。他本科是机械自动化专业，这些技术问题不算什么。光说不练可不行，第二天，他在亲戚屋后的大草坪上摸索练习。因为刹车不熟练，把亲戚家的木栅栏撞得有些歪斜。第三天，他将车开上公路。经过一个弯道时，他没有控制好方向，车子冲出公路。路边一幢房屋旁，几个孩子在嬉戏。他们玩得那么投入，没有意识到危险即将降临。他赶紧刹车，几乎使出吃奶的力气。终于，车子在离孩子不到半米的地方停住。

自己差点成为“马路杀手”，说到这点时，阿华的语音有些颤抖。

第四天，他开着车去公司报名。那位女士让阿华从车上下来，换了副和颜悦色：“年轻人，其实四天前，我意识到你不会开车。不过，还是要试试你的勇气。一个人如果连挑战自我的勇气都没有，还会做好工作吗？恭喜你，通过了测试。我给你两个月，熟练掌握驾驶技术，并考出驾照，这些时间总够了吧。”

还好先答应了下来，否则又错过一个好机会。

此后，除了上课和做研究外，他所有时间都扑在兼职上。凭借这份收入，他再没问家里要过一分钱。硕士毕业后，顺利进入这家公司，担任部门总监。工作几年后，父母年岁上去，需要人在身边照顾，他决定辞职回国。他已经积累足够的资本和阅历，希望回国创业。我拍拍他肩膀，说一定会给予帮助。说这话时，心里都很虚，阿华那么出色，需要我帮助吗？他对我道了声感谢，我啐了他一口，不帮忙还是兄弟吗？这天，一直坐到西餐厅打烊的时间，直到店员催促我们离开。

很多人面对困难，都会选择退缩。四天学会开车，这不是天方夜谭吗？在那个关键时候，你是说：“我有！我会！我能！”还是：“我没有！我不会！我不行”。如果选择向前，哪怕最终失利，心里也不会愧疚。而如果选择退缩，就不会有机会。

退缩，只能带来暂时的安全，却埋下失败的种子。人生中总有很多第一次，当挑战来临时，勇敢地说出“我有！我会！我能！”。

为了让自己更出色，需要被折磨、被“虐”。心若在，挑战就在！满怀信心去挑战自己的人生吧！虽然前方也有荆棘，不要畏惧，让时间做最后的评判吧！

要看到更美的世界，不妨来个倒立

年轻人忙碌，老年人悠闲，地铁、公交车内挤满上班族，公园广场大妈们舞姿优美，已成为现代城市一道别样的风景线。年轻人整天东奔西走、看老板眼色，加薪和升职似乎遥遥无期。我们已经够忙、够累了，为何还再要去练倒立呢？

这是我高中同学婷婷发出的感慨。同学聚会上，大家谈论各自工作中的喜怒哀乐、酸甜苦辣。有的人眉飞色舞，嗓门高得恨不得让隔壁都听到；而有的人跺脚骂娘，恨不得让老板淹死在他的诅咒中。婷婷也不停吐槽：他们公司老总竟让员工做倒立！要是三个月学不会，就卷铺盖走人。此话一出，引来一片嘘声。众人的眼光，都聚焦在婷婷瘦弱的身躯上。

一个月前，婷婷通过猎头介绍，跳槽到网络电商大佬——阿里巴巴集团工作。要说阿里巴巴，可谓无人不知、无人不晓，尤其是公司 CEO 马云，更以个性鲜明著称。一位同学挑逗性地说："马云让你们做双手倒立，已经是便宜你们。他自己能做单手倒立，几分钟都面不改色心不跳。"另一位同学接着说："据说他这手绝活，是因为上世纪 80 年代有一部电视剧《排球女将》热播，在全国引起轰动。当时，孩子们都在模仿电视剧中的标志性动作，比如'晴空霹雳'、'流星赶月'，或者在墙角练倒立。你们老总也是，不但练双手倒立，还练到了单手倒立，还要让你们跟着他一起‘疯’，真是脑袋被门挤过了。”

事情并非如此简单，马云让你们练倒立，一定由他的道理。我的观点与众不同，自然遭到群起而攻之。不过，我还是要说出三个月前和父母外出的感悟。

那天是周末，艳阳高照，PM2.5 值为优。平时周末经常加班，难得有空闲。这天却是例外，用完午饭，陪父母一起去公园散步，也算是踏青。天公作美，公园内游人如织。一进公园门，就见到一群大妈在跳广场舞。高音喇叭里，播放着最时兴的《小苹果》音乐，分贝数很高，震得耳膜有些疼。这些大妈却精神抖擞，个个似乎年轻了十岁，不停扭动着腰和屁股。一棵大树旁，呼啦啦围着一圈人，这里是自娱自乐的卡拉 OK。那些退休的、没退休的中老年人，你方唱罢我登场，耳边回荡着那些年代久远的主旋律歌曲。这些曲调正和父母胃口，他们挤进人群去聆听，仿佛回到了激情燃烧的岁月。我没一点兴趣，头也不回地朝着河边走去。

一位老人，满头的银发，看上去已过古稀之年。令人吃惊的是，他竟在河边做着倒立姿势。没有人愿意成为他的观众，为他的精彩表演喝彩。回头望望不远处那一大圈人，形成了鲜明的反差。我好奇地走过去，把河里的一群鱼儿吓得乱窜。我看了足足五分钟，他才停止倒立。天哪！看来“高手在民间”啊！貌不起眼的老人，竟有这手绝活。看见我惊愕的眼神，老人似乎找到了知音，和我攀谈起来。

老人从小练武，练习倒立已有几十年。他告诉我，倒立看上去很难，其实只要能坚持，熬过酸、麻、痛等身体不适的阶段，身体健康的人都能练成。练倒立有益健康，会让身体各项机能提高。这种折磨自己的方式，回报率只有练过的人才能体会。

从那以后，我常在工作之余练习拳脚。自己练不够，还花钱到专业武术馆学习。撑过身体适应期后，现在整个人特别精神，腿脚有力、记忆敏捷，上下班都全程步行。

我的讲述，引发婷婷的共鸣。“你说的就是那么回事，我现在基本能完成倒立，身体倍儿轻松，晚上睡觉特别香，白天工作也不再昏昏沉沉。”房间内再次响起嘘声，不过这次夹杂着羡慕的语气。

练习倒立最大的收获，就是一种自我挑战，把诸多不可能变成可能。马云式倒立的精髓，是让每个人在潜意识中去除困难这个词语。凭借倒着看世界的不同视野，阿里巴巴一步一步走向成功。

要想看到更美的世界，不妨学学马云，试试倒立的美妙。倒立逼着我们做出不一样，成就不一般，由此“催生”出另辟蹊径的探索和创新精神，引领我们走出一条超越寻常智慧和创意、让奇迹和财富比翼双飞的人生之路。

从“赔钱”领域发起逆袭

很喜欢这首小诗：“成功的花 / 人们只羡慕她盛开的明艳 / 然而当初它的芽 / 浸透了拼搏的泪水 / 洒遍了牺牲的血雨。”

我爱这花儿，她没有温室里的安逸，没有精心的培育照料，没有养料充足的环境。只有烈日的暴晒，骤雨的摧折，霜风的凛冽。这倔强的花儿不被逆境压倒，以烈日酷暑为和煦阳光，以倾盆骤雨为甘霖洗礼，以凛冽寒风为微风轻拂。她吸吮苦难的乳汁拼命成长。终于有一天，饱餐霜雪的花儿实现了生命的绽放，用自己含泪的微笑诠释着无言的美丽。

很多领域，在别人没有发现它的价值前，都是环境恶劣的荒原。总有那么一些人，宁愿舍弃舒适、顶着他人的非议，一头扎进去。就像上面的花儿，不畏严寒、不畏酷暑、不畏骄阳、不畏骤雨，只管自己生长。带着笑容、闲着自信，一步步实现逆袭。

大学读的是新闻，而我又喜欢历史，所以中国新闻史和世界新闻史这两门课，听得最认真。其他新闻人物和事件，记忆中没有什么痕迹。唯独美国有线电视新闻网（CNN）的创始人特德·特纳，却始终震撼着我的心灵。还记得世界新闻史的期末考试，最后一道论述题考的就是特纳。这道题，我答得很从容、很充分。从心底里，我佩服这位传媒业的大亨。

特纳创办CNN前，美国广播公司（ABC）、全国广播公司（NBC）和哥伦比亚广播公司（CBS）三大电视网，早已称雄美国传媒业数十年，业务模式都已极其完备。而特纳也有一家电台，运营情况也不错。把自己的“一亩三分地”种好，特纳完全可以活得很滋润。不过，体内不安分的基因，让他起了和三大电视网叫板的野心。

那时，特纳过了不惑之年，可是年轻时的激情和冒险精神，却并未让岁月带走。看来，青春与年龄无关，更关乎心态和处世方式。

有野心还不够，三大电视网也绝不是三只纸老虎。他们资金雄厚、与管理层关系密切、运营模式完备。不搞点偏的、怪的，没资格与他们正面交锋。

特德•特纳的目光，停留在“24小时电视新闻”领域。这是块长满荆棘的“禁地”，很多人眼中，经营电视新闻只会赔钱。它收视率低，制作费用却相当高昂。打个比方，美国境内媒体报道一条中东新闻，仅差旅费就相当于美国普通家庭一年的收入。新闻播出后，一般不会引起广泛关注，因此广告商对电视新闻栏目的兴趣并不大。在当时，美国三大电视网只有数量很少新闻节目。既便如此，每年还要亏损近1.5亿美元。有专业机构做过市场调查，结果显示70%的人群，对24小时电视新闻节目不感兴趣。

新闻发布会上，特纳抛出豪言壮语：“我就是要做专业的电视新闻。哪怕暂时赔钱，也要做下去。总有一天，它将是我传媒帝国大厦的中流砥柱。”

说干就干。特纳任命里斯•舍恩费尔德担任CNN总经理兼主要策划人。里斯是电视经营业的天才，他和特纳是老朋友、老搭档。

1980 年 6 月 1 日，CNN 正式成立。

新闻来源是一家媒体的生命线，在白宫没有记者，CNN 无法在新闻报道中占据主动。不禁想起这么一句话："旧势力往往不甘心退出历史舞台。"为了遏制这个后起之秀，三大电视网使出种种手段，阻挠 CNN 记者进入白宫。特纳只好诉诸法律，经过几次诉讼，CNN 在白宫记者团有了席位。可是，CNN 依旧只是传媒业的屌丝，大多数美国人还未闻其名。没有公众知晓度，就没有收视率。广告商们都精着呢，CNN 只能在夹缝中生存。

没想到一次意外事件，却让 CNN 开启了惊天逆袭模式。

1981 年，就任总统仅 70 天的罗纳德·里根在希尔顿饭店讲演，返程中遭到刺客袭击。CNN 获知此消息后，马上让主持人伯纳德·肖作为特大事件进行报道，这比其他广播网早了 2 分钟，比电视网早了 4 分钟。不过，特纳依旧在办公室内如坐针毡：如何尽快弄到新闻现场的视频？按照传统惯例，他要等到当天负责白宫报道的 ABC 将录像带传来才能放映。他却打破这个规矩：当 ABC 播出枪击现场录像时，特纳马上转录下来，第一时间拿到 CNN 电视台上播出。

随后，特纳指导 CNN 对里根遇刺事件持续报道了 29 小时。他动用一切私人关系，不断地在各地奔走，获取最新视频素材。在他带动下，CNN 全体员工放弃休息，不分白天黑夜，不辞劳苦地工作。海量报道的连番轰炸下，很多地方台开始转播 CNN 的报道。"24 小时新闻"构思的威力，终于在这次突发事件报道中显现出来。CNN 身价倍增，很快实现扭亏为盈。别说全美各州、市地方电视台，就连 3 岁的孩童都知道有个 CNN，它不断地向人们诉说着什么。

CNN的崛起，标志着电视传播业的革命。特纳立即拿出早已准备好的第二套竞争方案——电视新闻“要闻专版”。仅仅花了4个月的时间，CNN又抢先推出专播“要闻”的CNN有线台。这个台与150万个家庭直接连接，并以最快的速度将新闻摘要发往87个广播电视台，其中66个是三大电视网的附属台。就连三大电视网的附属台，也已开始转播对手CNN的要闻。十多年后的海湾战争，又一次把CNN推到发展的高峰。

事物总是发展的，今天赔钱，不代表明天也会赔钱。真理也不一定掌握在多数人手中，众人眼中的“烫手山芋”，也可能会在少数人的点石成金中变成“香饽饽”。其实社会中大多数人，能力、经历等方面都差不多。但为什么有的人成为聚光灯下的焦点，而很多人都只能默默地充当观众？

或许就是这份勇气。那些明眼都能看出来的机会，还会轮到你吗？只有剑走偏锋，逼着自己去试试那些暂时被人冷落的领域，或许会有出人意料的收获。

每时每刻，世界上都有以弱胜强的经典案例，胜利永远属于那些洞察敏锐、敢于在风浪中搏击的勇士。特纳及其旗下的CNN，从“赔钱”领域发起逆袭，缔造了一段传媒业的佳话。

让危难，成为激活“荷尔蒙”的钥匙

儿时，常听长辈们讲故事。

那些故事，犹如一座座逶迤曲折的城堡。父母拖着抑扬顿挫的语调，陪伴我开启一次次愉悦的旅程。故事情节曲折离奇、富含生活哲理，深深影响着我的成长轨迹。枕着或美妙、或唏嘘的结局，进入神秘瑰丽的梦之乡。就是在迷离梦境中，依旧在潜意识中回味、反刍。

这个小故事对我触动最大。茫茫草原上，有只羚羊成功躲过一只猎狗追击。逃回族群，小伙伴们带着佩服的语气说：“你真厉害，竟把猎狗甩到东、撇到西，最后它气喘吁吁，不得不放弃追击。”那只羚羊不紧不慢地说：“你们以为，今晚见不到我了？”“是啊！你看那恶狗，那眼神。”“不是我厉害，因为我为生存奔跑。跑得慢点，命就没了。而猎狗不同，它为吃饱奔跑。抓不到猎物，还可以想其他办法，不至于拼命。处境不同，激发的能量也不同，自然会是现在这个结果。”

为什么奔跑？羚羊的话可谓说到了点子上。相比追击者，被追击者的处境更加凶险。羚羊必须使出全部的潜能，才能脱离险境；而猎狗的主观能动性就差很多。抓不到羚羊，只是饿一点，有个难熬的夜晚，还能见到明天的太阳。这种情况下，它自然知难而退。

被逼到生死边缘的事，我也遇到过。

那年，我才七岁。学校第一次放暑假，我随父亲回到江苏宿迁老家。父亲喜欢钓鱼，这个喜好在城里憋了很长时间。城市内河里，几乎没什么鱼。公园里的池塘，钓鱼要先交一笔钱，而钓上来的鱼，以比市场价高很多的价格卖给垂钓者。这次来到农村，到处是小河浜，可让父亲心里技痒。当天下午，父亲从大伯家借来鱼竿，带着我去附近的大湾塘钓鱼。我们步行穿过小树林，来到一片开阔地带。周围是郁郁葱葱的白杨树，中间那片清澈的水塘，倒映着明媚的阳光。父亲选好垂钓地点，将鱼饵放到鱼钩上。缓缓放下鱼线，父亲点燃一支烟，等待战利品上钩。

垂钓是件培养人耐性的事。30分钟过去，水面依旧平静，我的忍耐心到了极限。我正处在活泼好动的年龄，怎么肯继续呆下去呢？趁父亲不注意，我沿着水边行走。一直美丽的蝴蝶，穿着靓丽的“外衣”，在我眼前晃动。我想俘获它，无奈这个小精灵身手敏捷，好几次逃脱我的“魔掌”。

蝴蝶朝池塘中心飞去，我眼里只有那美丽身影，哪还顾得上别的。一脚踩空，整个人滑落到水中。双手胡乱抓着，试图捞到水中的树枝。只可惜，救命稻草却不见踪影。

盛夏时节，河水还是一阵冰凉。水没过头顶，让我嗅到死亡气息。四肢使劲扑腾，借着浮起的瞬间大声呼救。父亲扔掉手中的钓鱼竿，应声而来，边跑边大声呼叫：“救人啊！我孩子落水了。”傍晚时分，干农活的人都回家吃晚饭了。喊了很长时间，没有半毛钱影子。

父亲终于奔到出事地点，我也被折腾得筋疲力尽，带着泥土味的水灌满肚子。父亲的水性并不好，慌乱中跳入水中，脚被岸边的绳子勾住，一时无法够到我。

“孩子，快抓住前面的木头！快抓住前面的木头！”父亲大喊着。

听到有木头，一下子让我看到生的希望，又开始奋力挣扎。就是这股被额外激活的能量，我一直撑到父亲将我救起。

上岸后，我对父亲说：“你不是说有木头吗？怎么我没找到？”父亲擦了擦额头上的水珠：“孩子，那根木头是我送给你的勇气。如果意识里没有这根木头，你还能坚持到我来救你吗？”

我始终记得这件事，它伴随我走过学习阶段、进入工作阶段。回想那时，我离死神如此之近，甚至看到了他狰狞的面目。我牢记父亲的那句话，是啊，没有那根子虚乌有的木头，或许早已没有今天的我。救我的不是这根木头，是附在这根木头上的希望。

生死一刻，我这个不会游泳的人，竟在水中扑腾五六分钟没沉下去。危难，既可以毁灭一个人，也可以成为激活荷尔蒙的钥匙。让心中存有一份光明的希望，把危险和苦难熬成一朵美丽的玫瑰花，没有什么更能让人怦然心动。

把自己变强才是王道

那次落水事件后，对水，有了莫名的恐惧。潺潺的水声、涓涓的水流，会让我心跳会加速、手心会冒汗。水，看似柔弱，却也隐藏杀机。还是离它远一点好，省得拖入万劫不复的深渊。

这一怕，竟持续了十多年。转折点，是那次高考后的旅行。

高考是个分水岭，那一头是压力，这一头是放松。在此间歇期，我和几个同学结伴出游。同学大军的父亲出手大方，专门为我们配了商务车和专职司机。这辆车底盘很稳，即使行驶在盘山路上，颠簸感也不强。青山绿水铺陈在眼前，一行五人住进设施较好的五星级酒店。晚餐后，大家对晚上去哪儿玩产生分歧。有的提议打联机游戏，有的提议K歌，有的提议游泳。我很想在宾馆里好好休息，躺在舒适绵软的大床上，本身就是无与伦比的享受。其他人嘲笑我是老年人的生活方式，出来游玩，哪能这么早休息？为了不给自己丢脸，我赌气随大流，去了游泳馆。

一路上，心始终悬着。十多年前“血淋淋的教训”，至今是挥之不去的魔咒。这么贸贸然去游泳池，会不会遭遇不测？万一有人搞恶作剧，岂不会“死”得很惨？游泳馆在宾馆顶楼，占据整整一个楼面。望着一弯碧蓝色的池水，心里默默祈祷。

游泳池内人不多，几位同学在水中畅游。坐在泳池边的长椅上，我就是不肯下水。曾用脚触碰过池水，有些冷。我的缺席，让同伴很不爽。他们从水中上来，不由分说地把我推入池中。水中，我沦为“刀俎上的肉”，只有任人宰割的份儿。水流快速涌入上呼吸道，吐都吐不出来。经过几个回合的折腾，我体力不支，狼狈地向岸上逃窜。

“小时候，父亲在耳边反复嘀咕，不要接近水，否则会有危险。我还是走出了这个阴影……”

阿斌，曾获过市中学生运动会100米自由泳亚军。要不是那次意外受伤，会走专业运动员的道路。要是听了父亲的教诲，或许就和我一样，成了一个彻头彻尾的旱鸭子。好奇心，驱使我听他讲完故事。

阿斌住在长江边，滔滔江水浇灌了肥沃的土地，却也给这个家族带来很多伤痛。好几代人中，都有男丁不幸溺水身亡。阿斌的父亲十岁那年，爷爷的尸体被乡亲们抬回家里。为了躲避死神追逐，母亲带着阿斌的父亲流落异乡。母亲在世时，每时每刻提醒：“千万不要接近流水，那里曾经夺去你的曾祖父、父亲还有家族里很多人的生命。这就是命，我们无法抗拒。为了活下去，你一定要远离水！”

屋后就有一条河，河水清澈见底，倒映着两岸美丽秀美的风光。阿斌的父亲没闲心欣赏这美景。他记住母亲的叮嘱，无论什么诱惑，都不会接触河水。不久，他有了自己的儿子。从阿斌出生那一刻，他就格外小心。他再三告诫阿斌，千万不要去玩水，否则后果很严重。

阿斌没有他想象得那么本分。那天下班回家，屋里没有儿子的身影。他焦躁不安时，邻居告诉他，儿子正和邻家小伙伴玩水。

他头脑中“嗡”了一下，立刻向那条小河冲去，阿斌正在水中张牙舞爪，还冲父亲做了个鬼脸，说河水并不像他说得那么可怕。父亲顾不得什么，立刻逼阿斌上岸，结结实实揍了一顿。

他告诉儿子，家族里有好几个人因水而死，不想儿子是下一个溺水者。他担心苦口婆心没有用，特地把窗户安上栅栏。阿斌放学回家，就被反锁在屋内。

灾难的降临，总是毫无征兆。

那年夏天，瓢泼大雨下了好几天。小河水位飞速上涨，很快没过泥土构筑的堤岸。房屋到了，农田被淹，阿斌父子被湍急的水流卷走。

父亲在水中拼命挣扎，无法阻止身体下沉。喝了几口浑浊的河水，苦苦的、涩涩的。呼吸开始困难。完了，这回彻底完了，没想到自己如此小心，还是逃不过宿命。哎，这就是命，无法抗拒。他闭上眼睛，眼前似乎出现曾祖父、父亲。

他穿越一条很长的隧道，隧道内黑漆漆一片，没有一丝亮光。突然，前方越来越亮，亮得有些刺眼。他慢慢睁开眼睛，阳光照在自己的身上，暖暖的、好温馨。

我还活着！他有种想哭的冲动。倏然间觉得活着真好！只要能活着，其他任何苦难都不算什么！

他的身边，是带着一脸坚毅的阿斌。

他问阿斌："谁救了我们？他是我们家的恩人啊！一定要找到他，好好感谢他！"

阿斌的嘴微微张开，许久，才憋出一句话："爸，救您的不是别人，是我！"

什么？是你救得我？这怎么可能？儿子被他里三层外三层保护

着，怎么可能学会游泳？难道……

“爸，我理解您的一片苦心。面对危险，消极躲避不是最好的方法。所以，我背着你和同学去学……”

躲避还是面对，正如“生存还是死亡”，确实是个值得我们深思的问题。害怕是人的天性，生死考验，本能驱使我们去躲避。可是，很多危险是无法躲避的。要是阿斌像父亲那样屈从于命运，就不会站在面前和我说话。只有让自己有战胜危险的能力，才是真正安全。

我果断下了水，不断操练着技术要领。这次旅行，我学会了游泳。不仅仅学会一门技术，更重要的是明白了：只有让自己变强，才是生存的王道。

因为要在激烈竞争中胜出，通常有两条路可走，一是侧重攻击对手的薄弱环节，二是全面增强自身实力。找对方弱点固然可以，但远没有让自己强大更为稳妥。只有让自己强大起来，才能尽最大可能让自己立于不败之地。

我们最需要做的，就是从现在起，勇于接受生活的磨炼，让学识丰富起来，让技能精湛起来，让体魄强健起来，让品质优秀起来，让心态积极起来，让心灵阳光起来，让胸怀宽广起来，让头颅高昂起来，让腰板挺直起来，让步履稳健起来……总之，让自己强大起来。

在让自己强大起来的路途中，可能要吃很多苦，付出很多代价，但要相信，唯有如此，你的视野才会日益开阔，你的能力才会日益提高，你的前途才会日益光明，你的生活才会日益美好。

PART 02

我就是我，无需别人暖场

乔布斯曾说过：“你的时间有限，不要活在别人的观念里，不要让别人的意见左右自己内心的声音。过自己选择的生活，做自己的老板！”人生，就该由我们自己做主。我就是我，无需别人暖场。听从内心的“召唤”，总有机会书写属于自己的传奇。

她的演艺生涯，不需要商业片来暖场

从凌晨开始，“迎财神”的鞭炮声此起彼伏，把我从睡梦中惊醒。通常情况下，醒后会赖一会儿床，尤其是节假日早晨。寒冬时节，温暖的被窝，对我等享乐一族极具诱惑力。不过还是决定抛弃它。因为今天早上，有一场盛典，需要去亲眼见证。

打开电脑，距离颁奖典礼正式开始还不到 5 分钟。估计是大家都想看直播，网络有些拥堵，画面有些卡。“还 100M 光纤到户呢！也不过如此！”我气呼呼地咕哝一句。

幸好没多久，卡壳、停顿现象大有改观。我相信，全世界亿万影迷的目光，这一刻汇聚在洛杉矶好莱坞杜比剧院举行。一项项荣誉花落各家，《鸟人》成位这届奥斯卡的最大赢家，包揽了最具分量的最佳影片奖、最佳导演奖和最佳原创剧本等 4 项大奖。

依旧那头不羁的红发、小雀斑，朱丽安·摩尔在众多女影星中显得那么另类。此前，她四次与“奥斯卡影后”的皇冠走得很近，最终都铩羽而归。最佳女主角揭晓前，心里还是有些忐忑。尽管朱莉安·摩尔在《依然爱丽丝》中的出色发挥有目共睹，不过此前几次冲击，她的呼声也很高。挑剔的奥斯卡评委们能接纳她吗？她的非主流风格，能被以商业片著称的奥斯卡所认可吗？

随着主持人念出“影后”的名字，心中的石头终于落下。朱丽安·摩尔，成为囊括欧洲三大电影节（戛纳、柏林、威尼斯）影后、外加奥斯卡影后的大满贯第一人。手捧金灿灿的小人，她的脸上绽放出淡淡的微笑。

这份沉甸甸的荣誉，是对她多年来坚持自己演艺风格的褒奖。身边不是没有质疑声，不过她始终不忘初心，坚信自己的付出终有回报。

朱莉安出生于北卡罗来纳州的布拉格堡军事基地，童年时有过13次搬家，先后转学8次。异类的小雀斑和红头发，略显孤僻的性格，让朱莉安与同龄人格格不入。上天垂怜这个“丑小鸭”，有次登台表演后，老师说她有表演天赋。第一次听到这样的评价，她萌生了当演员的想法。

父母却不支持，要她必须上完大学，并反复申明不能去纽约读大学。当时，波士顿大学和卡耐基梅隆大学都通过了朱莉安的申请，父母替她选择了前者。大学毕业时，无论家人如何劝阻，朱莉安都下定决心独自去纽约闯荡。做了几个月服务生后，她在水牛城剧院找了份表演工作。从这天起，她正式踏入演艺行业，父母知道后差点抓狂。

有位导演直白地告诉她，如果不染成普通美国女孩的那种金发，就不会有出演商业片的机会。“我为什么要去染发？那不是真实的自己。还有，电影演员就只有商业片这一条路吗？”刚出道那会儿，就和世俗倔上了。她的“恶名”，很快在影视圈内传开。一时间，她几乎接不到戏。她并不着急，沉到生活中去，观察身边的普通人，记录他们的行为举止——怎么说话、怎么穿衣、怎么走路……

还别说，真有导演喜欢她的个性。那个导演也是个刺头儿，同样看不惯商业片大行其道。朱莉安演得很卖力，影片展现出一个社会底层女子的辛酸苦辣，上映时让很多观众产生共鸣。

有了这次成功经历，她更加划清了与商业片的“界限”。她最看重影片的故事和情节是否有个性、观点是否鲜明。每次接到邀约，都会问导演要一份剧本，仔细看完一遍，然后不断在心里问自己：影片想表达什么？如何反映人类的社会经验？它有意思吗？我希望进入那个世界吗？只有符合心理预期，她才会加盟剧组。为此，她错失不少一夜走红的机会，但她宁愿让“机会”从身边溜走。

从 1997 年开始，她凭借影片《不羁夜》、《爱到尽头》、《时时刻刻》、《远离天堂》，四度获得奥斯卡最佳女主角或女配角提名。不过，每次离登顶只有一步之遥。

此时，有圈内人提醒她，商业片更容易受观众青睐，要想获奖，还是顺势而为吧。她就是倔强，显露出“独立影后”的冷艳：“拍一部糟糕的独立电影，和拍一部商业烂片一样容易。‘独立电影’这个名字并不意味它就是好的，不过我无悔自己的选择。至于是否得奖，我并不在意。违背内心想法去拍商业片，对我来说是一场灾难。”

她的坚持、她的个性，让一向高傲的奥斯卡组委会也不得不抛出橄榄枝。站在红毯上，她依旧显得很淡然，似乎眼前的浮华与喧嚣都与她无关。

面对记者采访，朱莉安动情地说：“每个人都是自己生活的主宰，你可以用心书写属于自己的生命印迹。或许，我生来就与商业片无缘，这不要紧。因为我有自己的演艺之路，我要做的就是沿着这条路一直走下去。”

奥斯卡颁奖典礼的大幕渐渐合上，心中仍然难以平静。这么多年来，朱丽安·摩尔始终没有屈身于商业大片，一直保持着坚守独立和艺术的心。她始终坚持做自己，哪怕暂时“冷场”。这是多数一线女星很难做到的。

人生，就该由我们自己做主。不被他人的意见左右，相信自己的选择，听从内心的“召唤”，我们总有机会书写属于自己的传奇。

我很丑，
但依然要出来“吓人”

我是个屌丝，不仅仅是经济上，外貌方面也让我抬不起头。

读书时，没收到一张女孩的纸条。惨淡的现实面前，只好借苦读聊以自慰。好在学习成绩还算凑合，一部分填平自卑留下的大坑。

到了毕业季，十几年校园生活积累的优势和荣誉全部被清零。重新回到一张白纸，外貌方面的劣势，瞬间被放大。很多次面试现场，招聘人员总是不自觉地眨眼睛，或者轻轻咳嗽一下。简历上的照片，被我用 PS 修过，看上去还不那么触目惊心。丑媳妇总要见公婆，把自己拉到用人单位面前溜溜，立马现了原形。很多次，面试后就杳无音信。打电话去询问，也听到一声声“NO”。终于遇到不是外貌协会的 HR，这才没沦为“毕业即失业”大军中的一员。

入职培训后，我在枯燥和重复中消磨着。好不容易挨到一个表现机会，也被那些美貌者捷足先登。公司年会上，那些貌美的新人，在舞台上大放异彩。我只有躲在角落里，埋怨上天的不公。

有一次，在走廊里无意中听到有人这么说：“就他那副样子，简直就是上帝造人时留下的残次品。这种人也配进我们公司，真不知 HR 怎么选人的？”

很想出去把说话者暴打一顿，但为了饭碗，还是忍住了。

晚上，我趴在电脑旁哭了很长时间。漫无目的地浏览网页，突然看到一张可怕的照片。

这还是人吗？简直和骷髅没什么区别。

她叫利兹·维拉斯奎兹，出生于美国德克萨斯州。利兹患有一种罕见的怪病，导致每天大量进食，却始终骨瘦如柴，体型犹如一具干瘪可怕的骷髅。

和她比，我可幸运多了。

她是个早产儿，出生时体重只有 1200 克。她在母亲子宫内，只有极少量羊水保护。医生说，这孩子很可能无法存活。即使侥幸活下来，也永远不能走路、说话和过正常生活。

父母不愿意放弃这个孩子，在医生全力救治下，利兹总算保住性命。她的脑部、骨骼和内脏器官发育正常，只是体型一直比同龄人偏小。2 岁时只有 6.8 公斤，相当于一名 5 个月大婴儿的平均体重。4 岁时右眼开始视力模糊，没多久这只眼睛便看不见东西。由于体重长期严重偏低，利兹的身体很虚弱，头疼脑热一年四季困扰着她。为了增强抵抗力，医生鼓励她吃大量脂肪、碳水化合物和糖。尽管每天暴饮暴食，体重还是在低位徘徊。

她没上过幼儿园，到了上学年龄，很多学校拒绝了利兹的入学申请。在父母一再央求下，总算有所小学接纳了她。入学第一天，利兹眼泪汪汪地回到家中。同学们很不友好，总是对她投以鄙夷的眼神。“怪物”、“骷髅”、“木乃伊”，各种带有侮辱性的绰号，让利兹不敢正眼看别人。这一天，她不知道是怎么度过的。好不容易熬到下课铃声，她赶紧逃离这个伤心的地方。

真够同情她的，这么小的年纪，要承受这么大的心理压力。要是早十几年被羞辱，估计我连活下去的勇气都没了。

面对不停哭泣的利兹，母亲没有多说什么，从抽屉里取出一沓东西。利兹不明白母亲要做什么：她还不识字，根本看不懂纸上的文字和数字，究竟代表什么含义。“这是你出生时的体检报告，当时医生让妈妈放弃给你治疗。可你是妈妈的心头肉，怎么舍得失去你？”利兹暂时止住了哭泣。母亲又接着说：“既然妈妈不愿放弃你，你也不能自暴自弃。无论你长成什么模样，上天依然会爱你。你能答应妈妈，勇敢一点吗？”

第二天一早，利兹准时出现在课堂上。尽管不和谐的音符依旧会响起，但背后有母亲、有家人，这些都是她的精神支柱。她开始和别人交朋友，尝试着让别人接受自己的外表。学习上，她刻苦努力，成绩总是名列前茅。

不过，各种灾祸依旧没有远离她。16 岁时盲肠穿孔，又一次和死神亲密接触。19 岁时，因红血球无法正常复制，导致严重贫血。为了改善贫血，她需要每隔 15 分钟就进食一次，每天要吃 60 多顿饭。尽管如此暴饮暴食，身高 1.57 米的她，体重居然从未超过 27.3 公斤，仅相当于一个 8 岁女童的重量。每次治疗，都是对她生理和心理的巨大考验。她总是显得那样淡然，对等候在手术室外的家人和朋友报以微笑：“我进去一会儿就出来，你们不必为我担心。”

2013 年 9 月，她收到了德州州立大学的录取通知书。入学后，各类学生社团活跃着她的身影。很多时候，她勇敢地走上前向对方打招呼，会主动递上自己的名片：“嗨，我是利兹，请不要再盯着我看。”

两个月后，她遇到了著名导演伍迪·艾伦。艾伦被这个女孩的乐观、自信和善良打动，萌生了以她为原型拍摄一部影片的想法。

为了让影片更具真实性和冲击力，艾伦请她出演影片的女主角。经过几个月拍摄，影片在2014年4月成功杀青。尽管不是商业大片，但这部78分钟的影片，还是以其独特的视角，深深震撼了每位观众。利兹全身心地投入到角色扮演中，演绎了灰姑娘迈向成功的心路历程。最终，这部影片荣获西南偏南电影节最佳影片奖。利兹还将自己的经历写成自传，上市后很快荣登各大图书销售网站前十名。有很多学校和公益机构邀请她去做演讲，她的故事感动了很多普通人。

我擦干了眼泪，来到镜子面前，给自己一个微笑。相比利兹，我可美多了。她都能那么坦然，还主动走入公众视野，我为什么要封闭自己，在自怨自艾中沉沦呢?

第二天上班，我提早一刻钟到公司。遇到每个人，都给予真诚的微笑。尽管也有躲避、也有不解，我依然这么做。带着积极的心态工作生活，命运似乎也逐渐扭转。季度优秀员工的评比中，我名列第一名，登上了那张荣誉榜。周围人看我的眼神在发生变化，不再是冷漠、鄙夷，更多的是认同和赞美。

感谢利兹，感谢这位骷髅女孩，让我走出了外貌自卑。

“无论什么模样，上天依然会爱你。”利兹的这句话，被我当做座右铭贴在墙上。长得好当然值得庆幸，不过像我这样磕碜的，也不必灰心。上帝为你关了外貌这扇门，还会为你打开另一扇窗。前方的路还很长，何必在这时就盖棺定论。把外貌的劣势当做鞭策，做一个自信的丑男，我也能实现屌丝逆袭的神话。

自信的溶液里，
还要添加勇气

非洲大草原上，土地干涸，瞬间起了漫天尘土。远处来了一群角马，正进行着一年一度的迁徙。从高空望去，只见黑压压一片，场面蔚为壮观。

在不起眼的角落，有很多双眼睛盯着角马群，个个不怀好意。它们大多饥肠辘辘，等候这顿大餐已有多时。这其中，既有狮和猎豹的单兵作战，也有鬣狗的群体攻击。生与死，往往只在一瞬间。追击者和被追击者，为了生存被迫使出浑身解数。尤其是小角马，更是这些精明猎手首要的袭击目标。离开娘胎的那一刻，小角马们必须马上收起娇弱。自然法则不同情弱者，眼泪不能换来死里逃生。遇险时，只有鼓起足够的勇气，带着自信奋力奔跑，才能在这场残酷的角逐中生存下去。

我喜欢看《动物世界》。感谢栏目组的摄影师，冒着危险、忍受着恶劣环境，用手中的摄像机，记录下一幅幅惊心动魄的画面。角马群再次出现在银幕上，一条大河拦住了去路。不能后退，因为后退意味着没有食物、意味着被动接受死亡。尽管前进也可能死去，不过至少留有生的希望。角马大军开始渡河，激起朵朵浪花。河中潜伏着牙齿锋利的鳄鱼，暂时避开角马群的精锐力量，伺机袭击那些老弱病残。有一只当年刚出生的小角马，在母亲的鼓励下跳入河中。混乱中，它与母亲失散。失去了母亲保护，它一下子陷入茫然中，竟回游上岸，再也不敢过河。大部队走了，河中留下一些尸体，小角马孤独地站在河这边。它不断叫唤，突然，一道寒光闪过。河岸上又恢复平静，只留下一连串混杂的脚印。

小角马自信不足，关键时刻缺乏勇气，让它主动交出了生的权利。节目结束后，我不禁发出一阵唏嘘。

动物世界，总是那么直白地讲述一些道理。阅读书籍时，也会从那一个个故事中，收获日常生活无法直接得出的人生感悟。

古印度有位圣人，用毕生精力建立了一套富有创造力和说服力的理论体系。他为此身名远扬，来向他拜师学习的人络绎不绝，手下门徒数百人。弟子米内罗表现优秀，被选为圣人的助手，侍奉左右。

几十年后，圣人须发花白，走路摇摇晃晃。他想托付后事，把米内罗叫到身边。

圣人对米内罗说："我在世时间不多了，我们这一门派的思想还要有人继承。你能否帮我物色一位优秀的弟子？如果他通过考核，我将毕生所学倾囊相授。"米内罗忧伤地说："师傅，都怪我照顾不周。您说的事，我一定尽力。"

圣人又补充一句："我心目中理想的继承者，不光要有非凡的智慧和极高的悟性，还要有满满的自信和无惧的勇气。希望你尽快将他领到我身边。"

米内罗收拾行装，几天后的傍晚出发。圣人看着助手远去的背影，由近到远，渐渐成为一个黑点。落日的余辉照耀在他的脸上，更显出他的苍老和孤弱。

几个月后，米内罗领来几个年轻人，都是思想界的后起之秀。圣人起初听得很认真，后来变得不耐烦。青年们很会见风使舵，一瞅见圣人的神态举止，知道刚才说的不对路，立马改变策略，夸赞圣人的理论体系炉火纯青，而自己的思想还十分稚嫩，需要师傅指点迷津。他们反复强调，很想得到圣人亲炙，其迫切程度犹如久旱逢甘霖。圣人愈发不满意，把这几个阿谀奉承之徒赶了出去。

圣人把米内罗叫到身边："辛苦你了，不过你找来的人，我都不满意。这不是你的错，其实像你这样就很不错。既有思想，悟性又高，只要加强自信，我会……"

圣人的话还没有说完，米内罗像犯错误的孩子，连忙把责任揽到身上："老师，您放心，我一定会不辱使命。哪怕是走到天涯海角，也会找到您中意的弟子。为了不耽误时间，今晚我就出发。"

米内罗再次离开，让圣人一夜未眠。昏黄的灯光下，他看着身边堆积如山的著作，眼角渗出泪花。

此后，米内罗又找来几波人。圣人依然不满意，不是资质和天赋不够，就是为人方面有问题。当米内罗再次准备远行时，圣人突然大口吐血，倒在书房内。

医生从几十里外赶来，经过诊治，无奈地摇摇头。圣人睁开眼睛，看见哭红眼的米内罗，清楚了自己的病情。米内罗语气沉重地说："老师，我对不住您，到现在还没找到合适人选。"圣人叹了一口气说："米内罗，除了外出寻找弟子，难道你没有想到过自己？你为什么没有勇气自荐？"

米内罗没想到：圣人这次让他去寻找弟子，就是考验他的勇气和自信。本来圣人心中，米内罗是最适合的人选。只可惜，米内罗的表现让他很失望，始终没有勇气举荐自己。这或许是天意吧……

几天后，圣人带着遗憾离开世界，而米内罗站在送葬队伍中，陷入深深自责……

我合上了书页。圣人的思想失传，米内罗负有不可推卸的责任。他在圣人身边多年，应该清楚老师的想法。面对考验，他就是缺少自信，更重要的是敢于担负责任的勇气。斯人已逝，他只能在后悔中度过余生。

“自信 + 勇气 + 坚持 = 成功”这是爱因斯坦留给我们的万能公式。在自信的溶液中添入勇气，这样才能配成一杯香醇的美酒。等到收获季节，让我们一起品尝这杯佳酿。

没有马鞍，照样敢上马

听一位朋友说，蒙古人的孩子，不管男孩、女孩，很小时就被父亲抱上马鞍。他们在骑马过程中摔过无数次跤，这才熟悉马的习性，掌握骑马的精髓，即使面前是陌生的马，没有马鞍，依旧敢骑。

有一首歌唱得好：“我的蒙古马，路在你脚下。你四蹄生风，彩霞飘天涯。烟一样飘逸，火一样升华。你游牧塞北，你草原为家。”蒙古族以这样的豪情，在历史长河中，创造出无数奇迹，书写着属于他们自己的辉煌。

敢上没有马鞍的人，不止是蒙古族兄弟。下文中这位名叫陈文景的高中生，也是这样一位勇士。她以坦然自信的姿态，演绎一幕灰姑娘登上大舞台的传奇。

陈文景读高一，正是十六岁的花季。和同龄女孩子一样，心中编织着五彩斑斓的梦想。课余时，她喜欢阅读散文、看文艺电影，兴致来了还会赋诗写文章。父母总是反对，告诫她这是在浪费时间，高中生，应该以读书为重，考上大学才是正道。她无法割舍自己的爱好，常背着父母继续“不务正业”。

2014 年 1 月，闺蜜婷婷向她推荐一部名叫《启程巴黎》的微电影。片中涉及不同国家的建筑、风土人情、美食、历史人文及趣事，重点关注留学生在异国他乡的生存状态。该片以隐喻的方式告诉观众，除了买车、买房等物质追求外，真正的幸福源自内心的选择。23 分钟后影片结束，陈文景被深深打动。她开始关注该片的湖北籍导演殷博，这位 80 后小伙俨然成为她心中崇拜的男神。

几天后，闺蜜问她看完影片感觉如何。她给了一个大大的点赞，闺蜜半开玩笑地说："你不是喜欢写东西吗？为什么不写个剧本寄给这个导演，说不定还可以见他一面，或许还能实现你的梦想。"朋友的话点醒了陈文景，长期以来，她的心中一直有个文艺梦，这个梦想如同一双无形的大手，一直支撑着她不断向前。她想到了邻居舟舟，成长经历富有传奇性。对，就以他成为音乐指挥家为原型，创作一部剧本。记忆仓库的大门被打开，一大堆细节像潮水般涌来。她用了两个中午的休息时间，先整理出大纲。白天还有大量作业要完成，老师和父母也盯得很紧。一旦让他们知道，肯定会兴师问罪。只有到晚上，干扰才会少一些。夜深人静中，她凝神沉思，常常文如泉涌。

不过，意外还是发生了。那天晚上她打开电脑，全神贯注地敲打着键盘。正当注意力都倾注在情节中，背后传来一个声音："这么晚了，怎么还不睡？你在干什么？"她吓了一跳，赶紧挡住屏幕："你吓死我了。我在写论文，明天要交。快要写好了，一会儿就睡。"母亲没有追问下去："那你注意身体啊！不要弄得太晚！"她继续这份"地下工作"，无意中发现东方的天空露出一丝晨曦。很多夜晚，她都这样度过……

稿件成型后，她又做了多次修改，还把剧本发给众多闺蜜，听取她们的修改意见。经过一个多月的苦熬，才将微电影《圆乐》的剧本定稿，邮寄给导演殷博。

四个多月过去，寄出去的稿件仿佛石沉大海。人家是大导演，凭什么要答理自己这个灰姑娘？想到这里，心里坦然了许多。

2014 年 6 月，她突然接到电话："是陈文景吗？我是寰世影像的殷博，可以约个时间聊一聊你写的剧本吗？"突然而至的幸福，让陈文景的小心脏有些承受不住。闺蜜数月前和她开玩笑的话，居然应验了。

环境优雅的咖啡馆中，殷博和陈文景讨论着剧本的内容，很快达成合作意向。三个月后，文字剧本变成 20 分钟的微电影。影片讲述智障少年多多拥有音乐指挥天赋，在善心姑娘晓晴的帮助下成为乐团指挥家的故事。故事情节并不复杂，却贴近真实生活，让每一个位观众为之动容。影片在学校、社区播出展映，取得不错的反响。

更大的惊喜还在后面：2015 年 1 月 17 日，由共青团中央主办、央视微电影频道担任艺术指导的 2014"向上·向善"中国青少年微电影大赛作品展映活动，就在北京师范大学举行。展映后的评奖中，陈文景的微电影《圆乐》荣获"向上·向善"主题大奖，并被提名最佳导演奖、最佳编剧奖。

在央视颁奖晚会现场，陈文景激动地说："自己写的故事能登上电影大屏幕，这种感觉实在很美妙，而且还获了大奖，让我完全觉得像做梦一样！只要敢想敢做，灰姑娘也能拥有出彩人生！"

每个人心中都有一个沉睡的巨人，唤醒他最好的办法，就是坚定信念，勇于挑战自己、突破自己。没有马鞍，也要敢于跳上马背。让我们在梦想的大草原上，来一次纵情狂奔！

一条道走到亮

刚聊几分钟，呼叫铃声再次响起，他不得不投入繁忙的工作中。对他的经历，我充满好奇，还想听他继续讲下去。他高大的身影，与身边娇小柔弱的同事形成鲜明对比。

高中同学阿伟病了，住进市中心一家医院。他是个大忙人，手机 24 小时开机，“五加二”、“白加黑”工作模式。他的人生词典中，就没有休闲娱乐的字眼。所有精力，都扑在工作上，三十好几还没成家。也难怪，没日没夜地忙，哪个女孩子会喜欢上他。虽说物质是婚姻的基础，但少了爱情的婚姻，注定是不幸福的。尽管有过几段短暂的恋爱经历，但交往几次便没了下文。阿伟倒很坦然，男人嘛！事业为重！至于儿女情长的事，不急！等我成了身价上亿的富豪，还会没有女孩子愿意跟我？

这只是他的一厢情愿。

超负荷的工作，不顾一切地压榨身体，还是带来了恶果。一次工作会议上，阿伟毫无征兆地昏厥过去。被救到医院，一查发现了很多问题：血压高、血脂高、血糖高、心脏有些早搏、重度脂肪肝。即使在医院里，他还惦念工作。父母一把眼泪一把鼻涕地劝他：“儿子，你就好好养病吧。你还年轻，身体就出了这么大状况，以后老了怎么办？”为了让父母不担心，他只好恋恋不舍地关闭手机。

我和阿伟是好哥们，得知他生病，当天下班就直奔医院。再次见到他，脸色苍白，说话声音也很轻，还挂着盐水。正在我嘘寒问暖时，进来一个高大的男生，穿着护士服。男护士？我禁不住叫了出来，用看外星生物的眼神打量他。他被我看得很不自在，帮阿伟换完盐水后，赶忙退出去。

阿伟需要休息，和他聊了一刻钟，我就从病房出来。经过护士台，又看到这个男护士。对这个“异类”，好奇之心骤起。假借询问阿伟病情的由头，我和他攀谈起来。

他叫孙永亮，今年 26 岁。四年前，从哈尔滨医科大学护理学院毕业，是 2007 级护理专业唯一的男生。

我问他，怎么会想到做护士？传统观念中，护士清一色的娘子军，男生插进来，确实有点不合情理。

他淡淡笑了笑，说做出这个选择，是多年来护士形象的耳闻目染。7 岁那年，他生了一场大病。护士悉心照料，让他很快康复，就连打针吃药，也不像想象中那么痛苦。过了两年，奶奶被查出肝癌晚期。生命最后两个多月，都在病房内度过。有位年轻护士，总是任劳任怨地照顾奶奶，直到离世。此外，他高中时是学校志愿者服务队一员，定期去医院关怀临终老人。每次走进病房，总会看到护士忙碌身影。她们在工作中尽心尽责，哪怕有些病人无理取闹，也毫无怨言。护士都是年轻的女孩子，遇到需要出力气时，难免捉襟见肘。这一刻，心中产生了当护士的念头。护士队伍需要男性的身影、女性的细腻，再加上男性的体力，一定会让病人得到更好的护理服务。

父母却不干了。选择护理专业的男孩子，旁人会怎么看？此外近年来，医护人员受伤害的案例，频频见诸报端，让人们对这个职业敬而远之。父母本想让他报考哈工大材料工程专业，毕业后成为白领，靠技术吃饭。对父母言听计从的他，这次却“任性”了一把。

父母请来七大姑八大姨“助阵”。面对众人口诛笔伐，他默默忍受。报到的日子临近，他收拾好行李，独自前往千里之外的学校。

大学四年间，孙永亮的成绩始终位列全专业第一。实习阶段，他去了哈尔滨医科大学附属第三医院。他负责给患者注射，对方一看是男护士，眼神中充满不信任：“你能行吗？”好说歹说，对方也不肯把手臂伸过来。还有位患者更奇葩，见到孙永亮，直接说要换人。一天下来，孙永亮只能在旁边打下手。几天后，好不容易迎来首位患者。尽管有些紧张，还是顺利完成注射。后来，他主动跟患者沟通，凭借过硬的专业知识，尴尬再没有发生。

2011 年 9 月，他正式到第三医院上班。有人帮他介绍女朋友，对方一听他是护士，立马没了下文。“男人去做护士，肯定缺乏阳刚之气，说不定还是个娘娘腔。”听到这些闲言碎语，他没有动怒。感情这事不能硬来，一切随缘。

长时间高强度工作，让他一直处在生理极限。他还会成为病人和家属的出气筒，承受了太多的委屈。和他一同进来的两位男护士，都转行去了外企。父母还是心疼他的，悄悄为他谋了份国企文员的工作。不仅工作清闲，福利待遇也不错。他却选择了坚守，哪怕再苦再累。

遇到给小孩子打针吃药时，孙永亮总有办法让他不哭不闹。碰到大小便失禁的老人，他像子女一般，帮着擦身、清理排泄物，有时污秽之物还溅到他身上。他没有一句抱怨，用满腔的热忱对待每个病人。随着时间推移，他的付出得到越来越多病人及家属的肯定。

2013 年 9 月，他调到医院手术室做护理工作。相比其他科室，手术室护理需要细上加细。他通常 6 点 30 分左右到岗，换衣、洗手、术前准备，有时候一天要做五六台不同的手术，而针对每台手术，都会准备好不同的手术用具。手术过程中，孙永亮全神贯注地盯着手术进行的过程。有些手术比较紧张，主刀大夫直接伸手问他要刀，此时就需要判断该用什么刀，不能有丝毫差错。

工作这几年来，孙永亮每年都荣获“优秀员工”的称号。他被团省委推荐为省十大杰出青年候选人，更多人熟知了这个爱岗敬业的年轻人。与此同时，他也收获了甜蜜的爱情。一位大连姑娘，主动写信给他，两人很快确立了恋爱关系。

我在纸上记下这些事，不禁对他由衷敬佩。顶着家人的反对、周围人的不理解，甚至会牺牲终身大事，他依旧坚持自己的选择。尽管每天做的事都很琐碎，但他依旧是位英雄，值得所有人肃然起敬。

乔布斯曾说过：“你的时间有限，不要活在别人的观念里，不要让别人的意见左右自己内心的声音。过自己选择的生活，做自己的老板！”这些年来，孙永亮始终遵从内心的真实想法，一条道走到亮。坚持做自己，总有拨云见日的那一天。

别指着他人发现你的才华

像老黄牛埋头苦干，忙活一整年，本指望升职加薪，却发现依旧是个跑龙套的。看着别人笑逐颜开，自己只能躲在角落里，用所谓的“是金子总会发光”的言论，疗治不断滴血的心灵。

很多人都在经历这样的“苦情戏”。投入和收益不成正比：不投入没有产出，投入了却依旧竹篮打水一场空，由此陷入二律背反的死结。有些人背地里骂老板瞎了眼，怎么总要那些小人得志？还有人存有侥幸心理，寄希望于老板某天良心发现，把此前损失一股脑还回来。

这一切可能吗？至多只是芸芸大众心中的那个梦。

尽管现代企业推崇团队合作，不过个人能力依旧是职业发展的根本。哪怕你真的是块金子，领导也不一定能看到你的闪光点。

老板绝非完美无缺的圣贤，哪能个个都是识得千里马的伯乐？奉行埋头苦干原则的员工，很可能会辛酸地发现，即便自己是最刻苦、最认真、最负责的那个，加薪升职的馅饼也很少会落到头上。

难道只能怨天尤人吗？发泄一下无可厚非，但不能老停留在这种情绪上。要找到办法，破解这个困局。问题的关键，在于你不善于向领导展示自己的能力。要学会“说”出你的成绩，学会表现自己。但是，在哪种场合说？如何表现？这实在是一门艺术——做到位，能锦上添花，说错话，则会弄巧成拙。

阿华是我最好的网友。QQ 聊天中，我们互诉衷肠，吐槽各自工作生活中的不愉快。最近，欣闻他升任人力资源总监。恭喜之余，他的经历也对我有很强的启示意义。

阿华是一家外企的人力资源主管，工作内容庞杂，政策性强。他工作认真，能按时完成各项任务，不过平时和同事、领导交流很少。公司老总对他不是很重视，一直处在可有可无的边缘状态。

正因为这种内向性格，几年来，阿华一直停留在主管职位上。好几次，公司内部推出竞聘项目经理的机会，他都在推荐名单之列，最终又都擦肩而过。失败后，他没有自暴自弃，总认为自己能力不够，还需要更多磨练。他成为办公室里最勤奋的人——伴着晨曦和露珠出门，披着残月和繁星回家。有时，办公室成了他的家，通宵鏖战。“天道酬勤”这句话，一直是他的座右铭。他在冷清的舞台上华丽舞动，期盼伯乐能尽早出现。

连续几年超负荷工作，阿华的身体严重透支，经常感到腰酸背痛、头晕目眩、腿脚乏力。家人不答应了，非让他去医院做全面检查。医生下了“最后通牒”，必须静养一段时间，否则肾脏要出大问题。无奈之下，他向部门经理请了一个月病假。

阿华离开岗位没几天，市社保中心对各企业社保缴纳情况进行突击检查。这次检查要看企业的缴费数量台账，要求十分严格。没有专业知识和长期的实践操作，根本无法过关。以往这块工作，都由阿华专门负责。因为环节繁琐，其他人心安理得地当起“甩手掌柜”。结果，临时顶替阿华的人，根本无法应付这项专业性极强的工作，被社保中心勒令整改，如果十天内拿不出合理解释，就要开出高额罚单。这下事可闹大了，部门经理只好打电话给阿华，把休假未过半的他请回公司。阿华马上与社保中心联系，全面、系统地解释公司缴费情况，这才让混乱局面得到扭转。经过这次风波，领导意识到阿华存在的价值，痛快答应为他加薪，还许诺在下次岗位竞聘中优先考虑升职。

这件事教育了阿华，他意识到“酒香也怕巷子深”的道理。此前，他不善于沟通，其他人并不了解他的工作性质，忽略他为完成工作付出的“成本”，诸如放弃休息娱乐的时间、动用私人关系等。除了做好本职工作外，他还把更多精力用在人际交往上。他会在正式或非正式场合，婉转地向领导汇报工作。比如做一个项目，他会就项目难点向领导请示，既让领导知晓，是他在做这个项目，也是在向领导宣告，这个项目有多难做。而项目谈成时，他会以此为名义，请领导和同事吃饭，名为庆贺，实则告知领导：瞧，这个堡垒被我攻下了。其次，他还会借工作进行小结。每完成一个项目，阿华会将项目完成前后过程形成书面报告，细数自己的得失成败。这既让领导知道了他为这个项目付出的辛劳，也让领导因这份认真和严谨而对他刮目相看。仅过了一年多，阿华就当上了公司的人力资源总监。

“金子总会发光”的观念，或多或少地影响着职场人士。如果受这种理念支配，只会让你徘徊在低级别的岗位和薪酬上。当然，自身特色与核心竞争力对于职场发展来说也是不可或缺的。一般来说，有特色的事物才能抓住眼球，给人们留下深刻的印象。对于工作，一旦流于平庸，就会被边缘化，最终被其他人所替代。一定要表现出与众不同的地方：独特的工作思路、工作方法，哪怕是从事最为基础的工作，也要让别人发现身上的闪光点，并要让别人知道，这项工作只有你才能完成得这样好。

酒香也怕巷子深，一坛好酒，如果在嗅觉范围内，价值还能被人们发现，否则就可能孤芳自赏。别指着他人发现你的才华，要把自己主动展示出来。职场如是，人生亦如是。

PART 03

你是自己世界里的 king

内心强大的人，才是真正有思想的人。他对世界，对社会，对人生，已经有了比较完整的看法。内心强大的人，一定有自己坚定的信念，这种信念不是口头上的，而是发自内心深处的。即使黑云压城、即使厄运临头，他也会微微一笑，用坦然和淡定去面对。把强大的 CPU 转入体内，你这台主机才能高速运转、所向披靡。

追梦，
有时要“一意孤行”

“你脑子里只有画画，还有家人吗？这个家，都是我一个人在操持，这日子没法再过下去。”面对一脸铁青、牢骚满腹的妻子，他不知该说些什么。恋爱时，妻子温柔娴淑、善解人意，这些年因为他“一意孤行”，让妻子变成“怨妇”，也让他承受前所未有的压力。

小时候，他就喜欢画画。作业本和课本上的空白处，有他天马行空的涂鸦。除了绘画，他各门功课成绩很差，初中没念完就辍学。和父母吵了一架，他跟几个朋友出去打工，做过保安、当过建筑工人、在餐厅里端过盘子……无论再累，哪怕站着都能打瞌睡，他还是要画下去。这个梦想，不会随境遇改变而变化。

后来考出驾照，他贷款几万块钱买了一辆二手卡车，在全国各地跑货运。钱袋子鼓起来，代价是大部分时间抛在路上。最可怕的是精神上寂寞——没有妻儿陪伴、不能享受天伦之乐，日以继夜面对笔直的高速公路。卡车卸货需要几个小时，同行会趁这个间歇在驾驶室打个盹，弥补睡眠上不足。他不愿浪费时间，拿起画笔在白纸上作画。他的作品多以车辆、公路为主要背景元素，画过车祸现场、画过路口认真执勤的交警、还画过汽车飞驰而过的瞬间……把每天所见所闻记录下来，经过艺术加工，他的画作特别接地气、贴近生活。

画画为人生增添一抹亮色，却带来一场可怕灾祸。那次他去福建黄岩拉货，一口气走了一天一夜，看东西都是重影的。他刚完成一幅作品，货物正好装满卡车。发货方工作人员见他眼睛红肿、哈欠连连，劝他休息一会儿。他婉转拒绝对方好意，坚持第一时间上路。做货运这行，时间最耽搁不起，迟到就得挨罚。路上他强打精神，一再提醒自己要小心。经过被誉为“魔鬼路段”的盘山公路，突然眼前一黑，汽车开始失控。凭着最后一丝意识，他猛踩刹车。车子撞上隔离石墩，人安然无恙，车的前部却撞出个大窟窿。等他清醒过来，看着旁边深不见底的山坳，顿时惊出一身冷汗。要是再慢一拍，肯定车毁人亡。

在鬼门关上逛了一圈，他明白“鱼和熊掌不能兼得”——要么好好开卡车，要么一门心思作画。放弃作画，这是打死也做不到的事。从这时起，画画升格为主业，开卡车倒成了副业。

未经过正规的艺术教育，谁愿意去购买他的作品？生活的压力，现实的落差，让他的绘画梦走得举步维艰。卧室、客厅，只要有空的地方，就堆满他的画作，似一捆捆野草，在岁月轮回中自生自灭。为了这事，妻子没少和他闹过。闹就闹吧，闹完以后他接着画。

他有幅作品，名为《孤独的生命》，以他自己为原型。在画中自比蝌蚪，周围是一群鱼儿。鱼儿往东游，他偏要倔强地往西游。他相信自己的作品有价值，哪怕暂时没人要，也绝不情愿送人。

没有理论支撑，那就现学。他开始进入厦门青年画家的圈子，买专业书籍、参观别人画展、虚心向别人讨教。他在“炼狱模式”中艰难升级，逐渐形成自己的绘画风格。2014 年，他结识生命中的贵人——瑞典籍华人艺术家王彤。尽管绘画水准还需进一步提高，但王彤敬佩他用心灵去作画的精神。在王彤牵线搭桥下，一位画商愿意定期购买他的作品。有了稳定收入，他终于可以安心徜徉在绘画世界中。

又经过一年积淀，他受邀参加康纳艺术家协会年度展览。齐白石、徐悲鸿、叶浅予都曾参加过康纳画展，这个宝贵的机会让他受宠若惊。2015 年 2 月，他又成为央视纪录片《中国人的活法——开卡车的艺术家》的主人公。通过荧幕，普通大众知道有这样一位草根画家，他在崎岖夜路中苦苦摸索，但最终顶住压力迎来曙光。

为了摘取绘画这根“金条”，他承受太多重压和打击。他叫孔龙震，用近十年时间完成从卡车司机到职业画家的转变。正如他所说：“只有拼了命去完成的，才能叫梦想。”实现梦想的道路上，就要“一意孤行”，因为这是生命中不可或缺的东西。

不做箭囊的奴隶

公司派我去云南出差，公事办得很顺利。订的返程机票是后天的，决定利用这个空挡去景区逛逛。美丽的自然风光、多彩的民族风情，多么希望能在这里多呆几天。可是一大堆事等着我，头顶上高悬的房贷压力、嗷嗷待哺的儿子，让我只好收起闲心。以后还有时间，20 天带薪年休假，足够来一次深度游。

景区门口，有一溜购物商店。我对商店内销售的工艺品，一向不感兴趣。买回去，根本体现不出什么地方特色。不过，却淘了一只精美的箭囊，出自路边一个老太太。她头发斑白、一脸的皱纹，看上去岁数不小。这副箭囊和一般工艺品不同，再者价格也不贵，很爽快地要了一个。

回到家，把箭囊挂在客厅墙壁上。每次客人来访，总会对这个箭囊赞不绝口。可是，我却从中想起一个故事。历史上，他也有过一个箭囊，还曾是攻城拔寨的原动力。但成也萧何败萧何，箭囊最终成为不幸殒命的罪魁祸首。

春秋时期，一位父亲和儿子戍边御敌。父亲已是三军统帅，而儿子还只是马前卒。一日，父亲奉命出征边关，阻挡敌国大军前进的脚步。两国军队在空旷的平原上相遇，战鼓擂响、喊杀声震天。战斗进行得很惨烈，敌我双方反复拉锯，天地都为之失色。

经过数小时战斗，荒漠上尸横遍野。一些秃鹫瞅准机会，撕咬地上的死尸。双方都没有退让的意味，等待时机发动致命一击。将军已经一夜未眠，双眼布满了血丝，为了最后胜利，他已经等了很长时间。

大风骤起，荒漠中的风沙有些迷眼，不远处，敌方营寨内灯火摇曳。进攻时机到了，将军高高举起手中令牌……

因为是突袭，震耳的号角并没有吹响，也不会有战鼓声。出发前，父亲找到被编在冲锋队的儿子，庄严地托起一个箭囊，其中插着一只箭。父亲郑重对儿子说：“这是家传宝箭，配带身边，力量无穷，但千万不可抽出来。”

那是一个极其精美的箭囊，厚牛皮打制，镶着幽幽泛光的铜边儿，再看露出的箭尾，一眼便能认定用上等的孔雀羽毛制作。儿子喜上眉梢，小心接过箭囊，心中臆想箭杆、箭头的模样。眼前出现一幅逼真的画面：箭囊内的弓箭射出，敌方主帅应声落马。

有了传家宝“护身”，儿子果然英勇非凡、所向披靡。鸣金收兵时，儿子禁不住得胜的豪气，忘记父亲的叮嘱，心里只有一个强烈欲望，那就是一睹宝箭的真实面目。打开箭囊，一瞬间惊呆：一枝断箭？箭囊里除了一枝折断的箭，并没有其他利器。

刚才战斗中，我一直是挎着枝断箭打仗！儿子不禁吓出一身冷汗，隐约听到内心响起一阵碎裂声。

总攻开始，没有宝贝护体，儿子变得失魂落魄。反应开始变慢，手中长矛不再挥舞自如。很快，他身中数刀，惨死于乱军中。

战斗一直持续到晚上，敌兵终于被彻底消灭。拂开蒙蒙硝烟，父亲发现儿子尸体旁的箭囊，还有里面那枝断箭。父亲沉重地举起这枝断箭，强忍心中悲痛，叹了一口气说：“不相信自己的意志，永远也做不成将军。”

故事以一个悲剧收尾，过程不禁让人唏嘘。正所谓“希望越大，失望也越大。”没有这个箭囊，并不意味着儿子会在这次战役后生还。不过主观上认为的“护身符”蜕变成断箭，心理防线彻底崩溃，死亡或许变成大概率事件。

要是没有这只箭囊呢？这才是问题关键。不该把所有希望寄托在外物上。命运，只有牢牢握手中，才是最安全的。

军事天才拿破仑也曾经遇到过一件事：他在河中发现一个溺水的人，那人不会游泳，处境危急。对方发现路过的拿破仑，做出救援手势。拿破仑没有伸出援手，反而举起手中的枪。黑洞洞的枪口对准落水者，对方既惊恐又愤怒：怎么会有如此铁石心肠的人？你不救我也就算了，为什么还要杀我？落水者不得不使出全力、拼命在水中扑腾，竟借助水力飘到岸边。上岸后，拿破仑收起刚才的冷酷，和蔼地说：“要不是我刚才对你生死相逼，你现在能上岸吗？”简单一语，让对方一下子顿悟。

这次，落水者没有得到带来希望的“箭囊”，结果却与上面相反。人的潜力是无限的，只有被逼到墙角，才能最大限度被激发。危险来临时，不应该把眼睛投向周围的人或事物，应更多地返视自身。只有借自身之力脱离危险，才是真正远离险境。

每次见到箭囊，我就会想起上面的故事。只有相信自己的意志和能力，才能成为自己的人生主宰。让我们抛开那只曾经带来希望的“箭囊”，用双手创造美好的未来。

灰暗中，
也能描摹光明的未来

我相信时间就是解药，即使当时再痛、再难以忍受，也会在回忆时变成一笔财富。

青年时期历经生死考验、而且还是个花季少女，确实让我心生敬仰。有了这样的经历，灵魂得到磨砺，意志会无比坚强。她的作品中，有一股无形的力量，一股不屈服于命运的力量。质朴的文字，带着女性的细腻，呈现出那段激情燃烧的岁月，鼓励年轻读者乐观向上、自强不息。

16岁，花一样的年龄，本该依偎在父母的怀中撒娇，她却告别这一切，穿上墨绿色的军装，离开北京，奔赴挑战人类极限的雪域高原，开启一段不同寻常的人生历程。未来会发生什么，她都不得而知。

去西藏的路途，本身就是一场考验。她从北京乘火车到乌鲁木齐，然后换乘汽车到喀什。一路上，风沙连天，吃饭、睡觉都在车上。随后又换乘当地的车子，像老牛拖车，朝目的地缓慢驶去。群山峻岭，连让车通行的路也没了。他们只好下车，开始艰难的步行。爬山、越河、穿越草地。几天的奔波，这个柔弱的女孩，好几次呕吐，五脏翻腾，几乎要把内脏吐出来。吐完，稍微休整一下，继续上路。不能停留在野外，多变的气候、神出鬼没的野兽，都可能让她丧命。只有不断靠近终点，才是在不断接近希望。营地出现在不远处，她使出最后的气力，快步奔去。摔倒了，就爬着过去。她成为第一批援藏女兵。这仅仅是开始，更大的考验还在后面。

高原反应，把她折磨得死去活来。食物问题，一次次挑战着她的极限。在城里，每天能吃到新鲜蔬菜；而她和战友，吃的菜都是脱水的，黄喳喳的，蜷缩成一团，好像老人额头上的褶皱。肉类极少、油水不足，造成营养不良、面如菜色。她的嘴唇像兔子一样裂开，说话都有困难。指甲像被异物重击过一样，深深凹陷下去。

工作上也有困难，她背着武器、红十字箱、干粮、行军帐篷等重物。几十斤分量，就是棒小伙也不那么轻松。生活区是流动的，必须根据需要随时搬迁。她经常要穿越无人区，脚下的路根本不像城市里那么平坦，有小石子等各种异物。走路时间一长，脚底会磨出水泡。遇到断头路，只好借助绳子前行。身上和脸上常有划伤，简单包扎，继续迁徙之旅。环境逼着她勇敢，把她锻造成直面生死的战士。

生理上的考验是一方面，精神上的孤独磨砺她的灵魂。漫漫长夜，没有人可以说说话，也没有什么东西可供消遣。眼前，只有一望无际的荒漠和戈壁。虽然现在有人热衷于浪迹天涯，但这只是人的猎奇心理。要是让他成天生活在单调乏味的环境，肯定会被逼疯的，哭着、闹着要回到喧嚣的都市。可是，她不能哭、也不能闹。命运把她驱赶到这里，已经是不可挽回的事。现实就是如此，她只能熬。有时候，她觉得精神上快崩溃了。她想到过死，死了可以一了百了，还能成为烈士。不能说她怯懦！换做任何人，都会有类似想法。

这种哀叹，很快在生命逝去的场景中画上终止符。大自然不可抗拒的因素，让很多年轻生命，长眠于这片圣洁的土地上。战友的死，深深触及她的灵魂。生命是可贵的，也是脆弱的。死亡将人抛入虚无，更让生者体会到“活着”值得庆幸。即使转业后，她依然记得这些惨烈的画面。梦境中，还会经常出现那片雪域高原，还有那一张张熟悉而稚气的脸庞……

不是每个人都会经历这样血与火的岁月，尤其是成长于改革开放后的独生子女，无法体会先辈们经受的磨难。阅读毕淑敏的散文，我看到父辈们在艰苦环境中，体现出来的顽强意志。即使从今天看来，依然激励着我们。只有经历过生死考验的人，才是一个完整的人。灵魂只有经过炼狱般的磨练，才会变得高贵而美丽。

毕淑敏的散文中并没有很多华丽的辞藻，只是记载已经发生过的事，更多是真情实感的流露。她就像饱经岁月沧桑的讲述者，以平和的语调，将不平凡的故事娓娓道来。而我，早已被这些故事深深打动。

灵魂的磨砺，让毕淑敏变得更加坚强。或许无法改变周围的环境，但我可以操控心态，让自己拥有更强大的气场，这才是我应对人生挫折最有力的法宝和利器。

也不错。真看不出来，这家招待所的厨师手艺也不赖。

第二天一早，我和妻儿准备奔赴下一个景点。退房、结完账，还有一小时空余时间。于是，我们一家坐在大堂的沙发上休息。

这时，过来一位年轻的姑娘，穿着显得很朴素。她很客气地问我，对招待所感受如何？

我以为是服务员，随便敷衍她，只说了声“不错”。她临走前，很礼貌地说：“欢迎你们下次光临。”

我找来大堂经理，为她点赞：“你们的服务员真懂礼貌。以后要是再来旅游，还会住你们这里。”

大堂经理呵呵一笑：“她不是服务员，是我们老板。不过，她就是这么平易近人，一点没有老板架子。”

她是老板？这么年轻，我真没看出来。我起了兴致，正巧在走廊上又遇到她，和她闲聊起来。

她叫王阳，是陕西渭南人。七年前农历新年刚过去，她就辞别家人，南下打工。这一年，她才 17 岁。

她进了一家食品加工厂当普工，因为操作疏忽，一根手指被卷进机器，疼得当场晕过去。医院里呆了没两天，她又回到流水线。眼前浮现出这个场景：为了给母亲治病，父亲去亲戚家借钱，对方连一元钱都不肯给。也不能全怪人家，自家太穷了，别人怕钱打了水漂。

为了多赚几个钱，白天工作后，她还要去外面兼职。扛起超过体重的大包，她艰难挪动着脚步。回到住处，往往倒头就睡。仅仅几小时后，她不得不睁开睡意朦胧的双眼，开始新一天的工作。

五年过去，她辞职开了一家小店。店面不大，只有四五平方米，专卖自己炒制的瓜子、花生等零食。来来往往的路人，为小店带来不错的客流量。到了年底，刨去店租和各类税费，净赚六万多元，相当于此前近三年收入。

生活慢慢好转，王阳得到一个消息：家乡新近开发一个温泉，经专家鉴定，泉水具有养生功效。游客蜂拥而至，让当地旅游业、餐饮业快速发展。当地接待能力有限，井喷式的住宿需求不能得到满足。

她决定关掉炒货店，回家乡发展，却遭到家人反对。父母说招待所这个行业太乱，她一个女孩子家根本应付不过来。一些朋友也不理解，炒货店开得好好的，为什么要再去冒风险？

这些反对声，让她有过犹豫。这时，最好的朋友小玲伸出援手。带着 15 万启动资金回到家乡，王阳的招待所开门营业，生意没有想象中那么火红。

为了找出原因，她假冒顾客，暗访其他招待所，分析赔钱的原因：首先是自己的招待所刚开业，名气不响，人总有“认熟不认生”的心理。其次，伙食还有待改进，客人们来自城里，在吃的方面很讲究。最后要花大力气保障顾客财物安全。

此后，她重金聘请曾任星级宾馆的厨师担任主厨。她主打农家菜，并做得有滋有味。为了扩大知晓度，她利用各类媒体加大宣传力度。防止财物失窃方面，她更是亲自出马，深夜在招待所内巡逻。那段日子，仿佛又回到在外打工的岁月，每天只睡四五个小时。

有天半夜十二点，王阳在巡逻时听到异声。循着声音方向，王阳壮着胆子走过去。微弱光线下，楼道内出现一个黑影。她用手电筒朝黑影一照，发现一张略带稚气的面庞。对方手里，攥着一把现

合作协议？此前有好几个年轻人，也享受过你现在的待遇，最终不得不卷铺盖走人。希望你做好最坏的心理准备。”

听到这里，我的火气也上来了。这样的犟驴，我不能掰下他头上的角，也要拉下他几根毛，我也有自己的傲气。

几经周折，我终于在市电缆厂总经理办公室见到了沈总。他坐在老板椅上，嘴里叼着烟，空气里弥漫着难闻的烟味。他一边翻阅文件，一边说：“到我这里干什么？”说这话时，他头也不抬，只用余光瞥了我一眼。果然是个范儿！一开场，就用这种方式给我来个下马威。

“我是一名业务员，想给电缆厂策划广告。”我直截了当地说。

“你们能策划什么好广告？像你们这样的广告公司，我可见多了，都大同小异、就那么点能耐。”沈总吐出一溜烟圈，还用鼻子嗡了一下，依旧看文件。

“我们设计的广告，能给你们企业……”

“好了，没看到我很忙吗？我没闲工夫听你闲聊。你可以出去了。”沈总下了逐客令。

看来老乡所言非虚，沈总真是老江湖、铁公鸡。要从他身上找出突破口，真是件难事。话都说到这个份上，几乎无法挽回，难道我就这样灰头土脸地失业？

不过即使失业，也不能丢了尊严。“别看我现在是个不起眼的人，以后会是什么样子，谁都不知道。再者你沈总，不也是从最底层一步步走到现在吗？社会地位方面，我不如你；但人格方面，我们是平等的。”说完，我当即转身，昂首阔步走出他的办公室。我要把年轻人的自信，在离开前全部扔给他。

走出这幢行政大楼，我刻意回头张望。沈总出了办公室，在五楼的走廊上看着我。不能让他看扁！我继续自信地朝前走。拐了几个弯，刚走到电缆厂门房间，被一位身着厂服的中年男子拦住。“你是不是刚才从沈总办公室出来的业务员？”“是啊！你怎么认识我。是沈总叫我告诉你，现在就去他办公室洽谈广告策划事宜。”我耳朵没听错吧！是你们沈总赶我出来，怎么又让我回去？我弄得莫名其妙。

我忐忑地回到沈总的办公室。沈总明显换了副神色，脸上多了笑容：“你这个人的个性比我还怪。说实话，你的行为让我喜欢，你坐。”他站起来，招呼我坐下。

“……”这个沈总就像个黑洞，让人神秘莫测。

“哎，几乎每天都有广告公司找我。他们说得天花乱坠，听着就让我心烦。有人竟想商业贿赂，我最看不惯这些人。你今天的表现，让我看出你身上有‘傲气’。这很好，人就是要有点脾气。我也是个有傲气的人，遇见你，我算是遇到知音了。”

就这样，我做成了市电缆厂这笔大单。回到公司，那位主管显得很诧异，周围同事则报以赞许的目光。

不得不承认，这次经历有些运气的成分。不过遇到像沈总这种软硬都不吃的人，还不如表现出不卑不亢，或许这是破解僵局的奇招。

以后工作中，我还遇到过类似情况。每次，我都是有礼有节，尊敬对方的同时，也不刻意阿谀奉承。这种处事方式，反倒让一些客户觉得很满意、很放心，愿意与我合作。

别用尊严和人格去换取一时的利益，那样只会失去更多珍贵的

约尼克斯队。那个赛季，他率领这支球队杀入季后赛，获得了“纽约之子”的称号。2004年夏天，他以“梦六队”主力亮相奥运会赛场，惊艳的表现赢得球迷的一致认可。

厄运却在不久后降临。2005—2006赛季，马布里表现平平。球迷是功利的，此后的麦迪逊花园球馆，只要球到了他手里，刺耳的嘘声就会响起。2007年冬天，马布里又失去敬爱的父亲。直到比赛结束，他才获知这个消息。马布里怒斥球队管理层“不人道”，并公开和教练对着干。球队对他痛下杀手：停赛、停训、禁止踏入球场。他的恶名很快在圈内外广泛传播，“球队的毒瘤”、“最不受欢迎的队友”、“纽约最受人责骂的运动员”……很多负面标签，被媒体一股脑贴到他身上。

巨大的外界压力，让他在2009年夏天做出一件荒唐事——在网上24小时直播自己的私生活。赤裸着上身、吞下一盒凡士林、忽而手舞足蹈、忽而放声歌唱、忽而痛哭流涕。这是一个人在极度痛苦和郁闷时的本能反应。他的心在滴血，用最原始的方式宣泄内心的情绪。可是，没人能帮他。

失魂落魄地走在街头，他看到一群孩子，在露天篮球场上练习投篮。思绪，仿佛回到多年前的布鲁克林区。他跟着哥哥在家门口的球场打球，晚上睡觉时，还抱着那只残破的篮球。篮球，是他的命根子，记载着所有青春年华。那份呼唤，在心底油然而生：不能这么轻易离开。

就在此时，他收到来自中国的邀约。“NBA弃儿最后的捞钱机会”，不友好的美国媒体，还在离开时用如此恶毒的话语攻击他。他淡然一笑，去了这个令他陌生的国度。

在山西太原，他受到英雄般的礼遇。就在那一刻，他感觉自己复活了。那些最渴望的东西——被需要、被认同、被尊重，又重新回到身边。他在山西队度过了一个赛季，再次遭到意料之外的打击。山西队单方面撕毁口头协议，决定不与他续约。

这时，离新赛季开始只剩下两周时间。正当他做好失业的准备时，佛山队抛来了橄榄枝。他很感念这份雪中送炭，带领这支 CBA 新军取得不错的成绩。

2011 年 8 月，马布里加盟北京男篮。经历人生的起起伏伏，他成熟了许多。昔日桀骜不驯的“独狼”性格，让他曾陷入极其狼狈的境地。他开始反思这一切：在球场上表现不佳，应该用刻苦训练来弥补，而不是和教练、球迷打“口水战”；球队暂时隐瞒父亲去世的消息，是出于大局考虑，自己不该拍案而起；那些刺耳的恶名，是因为个性上过于自我和张狂，从不去考虑别人的感受。他决心改变自己，主动和别人沟通，同时用努力和行动证明自己。带着这些想法，他把自己全身心地融入北京队，希望带领这支球队取得总冠军。训练时，他手把手指导年轻队员；训练间歇，他与队友打成一片；比赛中，他总是在鼓励队友，哪怕他们出现失误。

2011—2012 赛季，北京队首夺 CBA 总冠军。2014—2015 赛季，几乎没人看好北京队卫冕，他们却实现了四年三冠的伟业。从“独狼”到“政委”，马布里不再是球队的弃儿，而成为北京的城市英雄。

总决赛结束，马布里动情地对记者说：“我要感谢所有失败的经历，让我明白性格上的缺陷。要成为一名伟大的球员，光有球技还不够，还要让自己的灵魂变得高尚，这样才能赢得对手和球迷的尊

“野心”打造求职创业的平台

我来到这家小有名气的咖啡馆，人很多，既有年轻人，也有大叔，都小声说着话，隐约听到，似乎在洽谈业务。耳边，播放着优美的水晶音乐，像一汪清泉在山涧中跳跃，清脆、醉人、纯净，似乎置身于空灵的自然界。

点了一杯清咖啡，让思绪逐渐在喧嚣中平静下来。飞快梳理这几年的职场经历，平淡、无奇、乏味、让人昏昏欲睡。拥挤的地铁、空气沉闷的格子间、难伺候的客户，不知道熬到什么时候才算个头。很想改变，可是时间一长，人也慵懒了。别人都那样，凭什么你要当出头鸟？

轻音乐，依旧在响。灵动的音符，心灵得到慰藉，仿佛时光能在那一刻静止。旁边几位年轻人准备离开，笑得那么灿烂。难道业务谈成了？带着好奇，和这些同龄人开始交流。

原来，这里不仅仅是供人放松休闲的咖啡馆，更是创业者和投资人对接交流的平台。每天，都会有年轻人在这里圆自己的创业梦想。只要有想法，就能在这条跑道上起飞。

创立这家咖啡馆的，是三个 80 后年轻人——许单单、马德龙、鲍艾乐。当初，三人只想有个说话聊天的地方。谁曾想咖啡馆开业后，一直处于亏损状态，甚至连下个月房租都交不起。关门歇业？还是苦苦支撑？三人都倾向于后者，但心有余而力不足。再不拿出有效方案，他们就会被房东赶出去。

这个冬夜，飘着大雪，寒风把路人早早赶回家。咖啡馆内空无一人，谁愿意忍着严寒出来喝咖啡？还不如窝在被窝里舒服。打烊时，他们草草收拾着东西。这时，进来一位20岁出头的小伙子。他神情沮丧，有气无力地要了一杯卡布奇诺咖啡，独自一人闷着头喝。

“他失恋啦？”马德龙对两位同伴说。“很有可能，我们要劝劝他。”和他的交流中，得知小伙子大学毕业后，想开一家网络设计公司，因为资金问题，一直处于搁浅状态。“要是有和投资人面对面交流的平台就好了。”小伙子叹着气说。

这个顾客离开后，他们眼前一亮，何不将咖啡馆打造成一个服务于创业者的平台？为了不给自己留退路，他们不再兼职创业，第二天向各自公司的人力资源部提交辞呈。

首先要解决钱的问题，他们开始密集拜访风险投资人。半个多月内，他们顶着烈日，皮肤晒得黝黑，嗓子累得嘶哑。很多投资人摆摆手说，再考虑一下。到达最后一家公司，老总正准备外出。一番好说歹说，才同意给他们十分钟时间。虽然声音沙哑，但他们依旧激情澎湃。翔实的数字和市场需求分析，让老总认为这几个年轻人不是一时头脑发热，放心地把600万资金交给他们。

接下来，他们从线上和线下两方面进行改造。一开始，他们并不急于装修咖啡馆，而是在网上搞了问卷调查，了解求职创业者最需要什么专业服务。几十万人次参与到这份调查中，汇总数据后分析调查结果，并以此为依据设计装修方案。改造后的3W咖啡馆，每一层都有独特的功能：在一层，创业者畅谈创新的点子、碰撞思想的火花；在二层，创业者们聆听公开课、参加沙龙，与互联网大

由撰稿人薪水太少，不足以维持兄弟二人的开销。因此，希尔只好退学另谋生路。

离开学校后，希尔曾到一家木材厂任职。1907 年，他再次回到《鲍伯·泰勒》杂志。杂志社老板安排希尔采访一些成功人士，撰写关于他们成功经历的故事。这天，他来到卡内基豪华的府邸。这位钢铁大王热情地接待他，访谈在愉快的氛围中进行。希尔的身上充满活力和激情，颇具挑战性和创造力的提问，让卡内基决定延长访谈时间，并邀请他共度周末。

即将分别时，卡内基对希尔说："福特、爱迪生、洛克菲勒、贝尔，这些人身上有走向成功的共同因素。然而没人做过这方面研究，以致于每代人不得不通过试错的方式，找寻通往成功的道路。你是否愿意采访各行各业的成功人士，总结他们的经验，帮助世人少走一些弯路？我预计，从采访、资料整理到最后得出结论，至少需要 20 年时间。你愿意承担这项重任吗？"

卡内基在内心留给希尔的考虑时间是 1 分钟，但希尔只过了 29 秒就答应了。卡内基微笑着说："你从事的是一项极具挑战性的工作，可是我却不会支付任何报酬和研究经费，只能提供力所能及的帮助。你还会改变刚才的决定吗？"卡内基的话又一次把希尔逼到墙角，这意味着整个工作过程中，他要自谋生路、自掏腰包。如果到头来一无所获，希尔最宝贵的青春年华就将被蹉跎。巨大的"沉没成本"，大多数人会踌躇不前。希尔却没有这样，带着对这份事业的强烈兴趣，他郑重地点头同意。

家人都认为希尔的选择过于草率，其中既有温和的质疑，也有尖刻的嘲笑，甚至连开明的继母，也觉得他"玩大了"。这些杂音，唤醒了希尔童年时就养成的反叛心理和冒险热情。他下定决心，一定要干得漂亮，让所有质疑、嘲笑他的人都对他另眼相看。

卡内基是一个守信用的人，他以钢铁大亨的名望和人脉，为希尔写了许多推荐信。随后20年间，希尔在他的帮助下，采访了包括爱迪生、福特、洛克菲勒、伊斯曼、罗斯福、贝尔、莱特等504位名人。占有大量真实素材的前提下，希尔开始日以继夜的写作。书桌上的台灯，常常从晚上一直亮到天明。采访记录是杂乱无章的，逻辑跳跃性极强，他不得不耗费很多时间归纳整理。又经过半年多苦熬，八卷本《成功法则》于1928年3月26日正式出版，他也成为现代成功学的奠基人。

1937年，希尔完成了《思考致富》一书，如今这本名著的销量已达6000多万册。他还曾受聘为菲律宾人桂桑尔的政治顾问，将多年的研究心得传授给桂桑尔，使其成为一棵政治常青树。1933年，罗斯福总统把拿破仑·希尔请进白宫，帮助他主持著名的“炉边谈话”节目。当时，经济大萧条的阴影笼罩在美国人心头。希尔充满睿智和激励性的话语，极大地唤醒了美国人沉睡已久的信心。他还为罗斯福总统组建有史以来最为庞大的智囊团，为反法西斯战争提前做好精神和智慧上的准备。这些卓越成就，为他赢得“当代基督”的美名。希尔的粉丝认为，他具有力挽狂澜的“超能力”，值得被亿万人所景仰和膜拜。

面对那次艰难的抉择，普通人都会在“理性思维”的驱动下选择退缩。“莽撞”的希尔却大胆地迈出这一步，用不懈的努力把成功做成了学问，既鼓舞了成千上万心怀梦想的人，也开启了一段华丽出彩的人生。

月，邢帅获得了多玩 YY 的 A 轮 1500 万元融资。他将总部从云南大理搬到广州，正式成立广州邢帅教育科技有限公司。

2013 年，邢帅又把目光重点投向了打造精品录播课和移动客户端。经过一年多努力，各类精品公开课新鲜出炉，包括平面设计、三维建筑和动画、电子商务、摄影等课程。以后，这些课程将被分作录播和直播两条产品线。直播偏向互动性强的课堂，录播用来做复习使用。而课程的移动客户端，则于 2014 年底推出。

2014 年 8 月，邢帅教育成功完成 B 轮融资 3000 万美元。此时的邢帅教育已拥有 1000 多名员工，包括 200 名老师、800 名网络辅导员（即班主任）以及 150 人的技术队伍，邢帅的付费学员从百人增长到 20 万人，营业收入从两三万元狂飙至 2014 年数亿元。他还登上《财富》杂志中文版，并被为“2014 年中国 40 位 40 岁以下商业领袖”之一。

一路走来，邢帅有过失意、有过痛苦、有过彷徨，但最终饮下这杯酿造六年之久的佳酿。他确实“任性”了一把，向着普通人的反方向不断前行。

不过，青春就是需要任性。我的青春，就该由我自己做主。即便因为遵从内心的呼唤走入人生的低谷，那也是暂时的。不要放弃那个最真实的自己，要像那胸怀鸿鹄之志的雄鹰，坚定地挥动翅膀，飞向那片被不断仰望的苍穹星空。

课程表带来的亿万财富

大学授课和高中不同，每上完一节课，就要调换教室。读大学时，我经常忘记在哪里上课、要上什么课，还发生过走错教室的尴尬。此外，大学阶段是精力最旺盛、求知欲最强的时期，总想趁空闲旁听校外名师的课程。苦于信息不对称，只好错过这些机会。

那时，就渴望有款服务大学生的课程表软件，把每节课的时间、地点都标注出来，再附上其他学校的课程信息。这不，就有人瞄准这个商机，从课程表中挖掘出亿万财富。

“老板独享企业发展成果，怎么让别人死心塌地跟你干？明年，我发一个亿利润给员工。”《青年中国说》——国内首档青春分享类节目，聚光灯下，这位 24 岁的 CEO 说出这句霸气外露的话。他就是余佳文，正当年轻人还在为“面包”焦头烂额，他已经闯出一片属于自己的天空。

2007 年，余佳文集资开办一家地区性高中生社交网站。高三那年，他觉得这个网站存在局限性，决定转卖给他人。经过几轮谈判，转让费高达 100 万元。收获人生第一桶金的同时，他还拿到广州大学华软软件学院的录取通知书。

读大学时，他依旧不安分。从不参加社团活动、不竞选班干部、不热衷于考证，甚至还常常翘课。他被人誉为“客座大学生”，似乎

挑战来临时，余佳文没有退缩。凭着智慧与奋斗，怀着对未来的憧憬和乐观，让心中的梦想之花绚烂盛开。

赶紧摆脱“万事俱备”的桎梏，只有立即行动，梦想才不会成为空中楼阁。试着接受各种不完美、各种升级以及等待升级的过程。追梦的道路总是很拥堵，未来的天空或许会有阴霾，但你不能因此拒绝走路，拒绝呼吸。

机会在前面，不完美，也要上路。

赢在果断上

压力袭来时，你是躲避退让，还是迎着压力上？我选择后者，用行动和智慧，把逆境变成磨砺自身成长的机遇。

工作之初，有一段小插曲。一次接到客户电话，叽里咕噜说了一大通理由，要取消已签署的单子。我还想补救，对方没有闲心听我说下去，"啪"得挂断电话。如果不果断处理此事，年底业绩会受到很大影响。我迅速找出对方撤单的几种可能性，驱车直奔对方公司，结果被保安挡在门外。通过各种关系，我搞到对方业务代表的家庭住址。尽管贸然去对方家里谈业务，是很不礼貌的行为。但为了生存，只好出此下策。

晚上七点多，惴惴不安地来到这个位于市中心的豪华小区。我的到来让对方始料不及，不过他没让我打道回府。经过一番交流，才知道另一家公司给出更低价格。我解释道，那家公司产品有质量问题，以前曾被处罚过。如果不信，可以去工商管理局查询。他们一味压低价格，不顾客户利益，羊毛出在羊身上，最终还是要你们埋单。在我反复劝说下，业务代表说再考虑一下。为了趁热打铁，我弄到这家公司的违规记录，铁证面前，对方认可我的说法。这场危机，终于在我切实有效的补救措施下，被完满化解。

生意上的竞争和军事上的角逐，虽不可同日而语，但道理是相

加满油料，
才能舍命狂奔

一直很喜欢在京东购物，不仅商品质量有保证，而且配送也很及时。不知不觉中，在京东消费额已达 6 万多元。

前段日子，奶茶妹妹章泽天天价分手费事件，再次将京东商城创始人刘强东推到聚光灯下。作为性情中人，刘强东做事风格显得与众不同。2004 年，他做出疯狂决定，关闭所有店面，将线下业务搬到线上。每天，他用三分之一时间和用户互动，成为微博大 V，京东上门配送也风雨无阻。正是鹤立鸡群的经营方式，让京东成为仅次于阿里巴巴、中国第二大电商。

俗话说："成功男人背后，都有一个伟大的女人。"这个女人，可以是妻子、可以是红颜知己、也可以是事业合作伙伴。刘强东能有如此成就，少不了这个为他加满油料的女人。她曾主导对网易、中华英才网、娃哈哈等公司的投资，投资的企业家有多位登上福布斯富豪榜。2005 年，她创立今日资本集团，独立管理 6.8 亿美元基金，专注于扶持中国企业的成长壮大。十多年"风投"历程中，最让她引以为豪的当属对京东的投资。

时间退回到 2006 年 10 月，北京，枯黄树叶从枝头飘落，天气一天天转凉，已能嗅到一丝深秋气息。刘强东早就守候在五星级宾馆的总统套房，一场重要洽谈将在这里进行。

徐新，一个办事风格雷厉风行的女强人。手下诞生很多财富神话，让她的名气在圈内不胫而走。每天会有各式各样的人，带着千奇百怪的创业想法找到徐新。有人豪情万丈地说："你投钱给我，保证3个月后成为中国首富！"还有人紧握双拳，大声喊着："相信我，要是半年后公司业绩没有翻一番，我马上从楼上跳下去！"有人说，创业者一半是"疯子"和"偏执狂"，此言不虚。放着稳当的日子不过，偏要去颠沛流离、担惊受怕，不是体内不安分的基因在作怪，又会是什么？面对形形色色的"狂热者"，徐新始终头脑冷静。女性准确的"第六感觉"，再加上多年来积淀下来的理性思维，徐新总能在很短时间内将精华和糟粕甄别出来。

这次面谈，是刘强东主动找到徐新的。当时，刘强东还处在事业起步期，急需资金扩展他的"电商王国"。费了好大一番功夫，才得到和这个女强人见面的机会。万事俱备、只欠东风，京东这艘远行的航船，还需要资金的"东风"来推动。

徐新来了，一身黑色的礼服，透出成熟女性的气质。见面后，两人没有过多客套话。刘强东拿出一份市场调研报告和一份策划案，上面既有详实的数字和信息，也有逻辑严密的论证分析。起初，徐新听得并不认真。伴随着刘强东滔滔不绝的讲述，她不由自主地把身子凑过来。他们从晚上10点，一直聊到凌晨2点。徐新被京东发展过程中的细节所打动：没打一分钱广告，每月销售收入同比增长10%；刘强东每天猫在网上，亲自给用户回帖子，过两分钟就回……

终于谈到资金数额问题。刘强东想要200万美元，说出这个数字时，他还有些忐忑：此前今日集团投资的项目，从未达到这个数字。一下子要这么多钱，是不是有点过分？徐新摇了摇头，伸出了

再好的想法，不去实践也是无稽之谈。行动是硬道理！谋划一件事有必要，但只想不做将只是空谈。正如不去穿越一座大山，永远不知道山另一边是什么。

行动是理想的延伸，看准方向后，就不要过分犹豫不决。机会总是稍纵即逝的，不及时采取行动，错过了这村，或许真没那店了。

PART 05

安逸不是我的菜

年轻的你，请从眼前的安逸、享受和懒惰中走出来吧。享受眼前，便不能享受将来；你怕吃苦，到头来吃一辈子的苦。不怕吃苦的人，最多吃半辈子的苦。晚年时回看过去，会发现那段吃苦的日子，才是人生最有滋味的日子。安逸不是我的菜，请从我的餐桌上撤去。

“偷来”的技术

技术这东西，不是一天两天能学成。有句老话说：“三年学徒，一朝成师。”归根结底，一个徒弟能不能学成出师，关键在他自己身上。如果一个人不想学，只贪图安逸，是不可能成长起来的。

很多情况下，师傅不大愿意教徒弟。正所谓：“教会徒弟，饿死师傅。”做师傅的，总要藏一手，把最精华的技术牢牢握在手中。不过，这不会难倒好学的徒弟，他们总是想尽办法偷着把本事学到手。

大学时，有一位同学在宿舍卧谈时，聊起他远房表亲的一段往事。那位同学的表大爷姓俞，姑且称他为俞伯。俞伯高中毕业，正赶上那个火红的年代。激情中的年轻人，离开城市，去往祖国最需要的地方。俞伯被分配到山西一家兵工厂当学徒，学习汽车修理。他师父是解放前资本家汽修厂的老工人，专门给外国人修汽车，文化不高，但是个技术能手，对发动机原理有很深的认识。按理说，名师出高徒，俞伯会在他指导下，专业技术一流。可俞伯的成长经历没有那么平坦，差点连满师考试都不能通过。

兵工厂里，技术好让人尊敬。手上没真功夫，只能给别人打下手。这种环境中，让俞伯产生了积极进取的精神。他苦活、累活抢着干，一有空余就向师傅请教。春去秋来，俞伯的修车水平提高很快，一般性保养维修都能独立完成。

三年“萝卜干饭”生活即将结束，俞伯面临厂里技术科组织的统一考试。只有考试合格，才能被认定为技术员。那个年代，技术员和普通工人的工资，差别很大。

考试结果出乎意料，笔试他第一名，实践操作倒数第一名。他负责修理的那辆汽车，根本没发动起来。其余四名青工都通过考试，只要他还需要补考。如果不能通过一个月后的补考，只能去当普通工人。

师傅也在考场，侧着身，脸朝别处吞云吐雾。看样子，师傅不会帮自己。要扭转局面，只有靠自己。

晚上躺在床上，脑子里全是白天的事。按照一般操作流程，他在考试中没有什么问题，怎么发动机无法点火呢？难道还有什么没做好？这时，东方的晨曦顺着窗帘射进来。俞伯干脆爬起来，匆匆吃了早点，往厂里的车间走去。

这天是休息日，厂里很安静。俞伯把考试中那辆汽车的发动机拆下来，仔细观察、分析，根本查不出问题。回忆和师傅学徒的场景，似乎察觉出一些异样。每到关键时刻，师傅总让他去仓库取样东西，好像这物件现场也有。取来这样东西，师傅就说不需要他协助，让他出去休息。俞伯是个有心眼的人，并未离开车间，躲在角落里，看师傅究竟在干什么。师傅从发动机槽内迅速换了样东西，然后坐在边上抽烟。想到这，他一下子明白。发动机槽内有两个小橡皮圈，平时很少更换，看来问题就出在这里。

他迅速查看发动机槽内的橡皮圈，果然表面明显破裂，不能起到密封作用。他高兴地跳起来，直奔仓库，却铁将军把门。哦，今天是休息日。他这才感到肚子咕咕叫，此时已是下午两点……

补考顺利通过，俞伯在考试后成熟很多。一切靠自己才是王道。他平时多学、多看、多听，把汽车修理这门技术提升到极致。一辆有问题的车，只要听听发动机声音，就能大致判定问题出在哪里。一辆长时间没保养的车，他能大致说出什么地方会出故障。俞伯始终信奉这句话：“自己学的东西，别人是偷不走的，一辈子都有用。”

上世纪九十年代初，军工厂效益不好，人员纷纷分流下岗。俞伯向单位申请待退休，凭借过硬的修车技术，很快被聘为私人汽车修理厂的技术顾问。平时工作以技术指导为主，遇到急难愁问题才亲自出马。现在他每月工资五位数以上，每年还有出国疗休养机会。

是技术让俞伯受人尊敬。他能过上现在的幸福生活，主要是年轻时的努力结果。如果学徒时不偷学技术，他就会在单位效益不好时尝到恶果。

年轻时收入稳定、工作舒服，不要认为是好事。多想想潜在的危机和挑战，利用空闲时间不断充电、提升“内功”，才能在黑天鹅出现时，不至于毫无应对之策。要记住，把你自己变得更有价值，别人才能给予你更多回报。不过在此过程中，肯定会经历很多苦痛。别怕，乌云总有散尽的那一天。

把苦差事干得有滋有味

只要是人，谁都喜欢轻松，这是人的本性。大家都憧憬这样的光景：一边喝着茶或咖啡，一边做着自己喜欢的事。手捧一本纸张略微泛黄的书册，让思绪随之起伏波折；闭上眼睛，静静聆听舒缓的音乐，让心彻底静下来。天气好的时候，背上行囊，和三五好友浪迹天涯。

这真是神仙般的日子！不过现实生活中，这样的阳春白雪只能是稀缺资源。你依旧要面对挑剔的老板、百般刁难的客户、无休止的加班、业绩考核的压力……更让人抓狂的，是去干那些别人不想干的苦活、累活。一天到晚忙里忙外、累死累活，却看不出什么成绩。

只能去抱怨吗？还是先收起这些负面情绪吧。历史上有些人具备化腐朽为神奇的功力，把苦差事变成锻造核心竞争力的“利器”。

苏沃洛夫是俄国著名军事统帅，杰出的军事理论家。他一生戎马生涯，指挥的 60 多次战役屡战屡胜。尽管出生在贵族家庭，但他不肯沾父辈的光，宁愿从普通士兵做起，一步步实现心中的梦想。

1748 年末，他被编入护卫沙皇的禁卫队。这天，苏沃洛夫刚从练兵场回来，就被连长叫走。回来时，其他战友问他：“连长给了你什么美差？”“叫我明天去医院轮换值班。”“你不是刚值了一周吗？怎么又叫你去干这个苦差事?”众人为耿直的苏沃洛夫鸣不平。“去就去嘛。”苏沃洛夫不以为然，“反正不是我去，就是别人去。在皇家陆军医院轮换值班，本来就是我们禁卫队的职责。”“你真傻。如果是我，非顶回去不可。”别人在临走前，扔下这么一句话。苏沃洛夫冲他们努了努嘴，没再说什么。

战友说的情况，苏沃洛夫自然心知肚明。当时，俄国军队医院条件恶劣：院里拥挤不堪，空气污秽；医生奇缺，一个医生要医治上百名病人；医院管理混乱，经常克扣病号给养，大批士兵得不到良好治疗而死亡。患者和医生们心头的无名之火，不敢冲着上边的管理者，全都发泄在值班的禁卫队士兵身上。因此，这项任务被公认为苦差事，所有人都千方百计地躲避。

到医院值班后，苏沃洛夫并没有蹲守在值班室内，主动到病房内走走，了解医院的运行情况。看到医院残破的设备和简陋的条件，看到伤病员因为得不到及时医治，在痛苦中死亡，他心里隐隐作痛。尽管医生和病人因一些小事冲他发火，他也没有动怒，耐心倾听对方的抱怨，用话语安抚他们的情绪。

苏沃洛夫在医院尽心尽力地工作了 7 天。到了换班这天，勤务兵传来一个坏消息：尽管禁卫队长官曾宣布，拒绝值班的军士将降为士兵、士兵将降为马车夫。依旧派不出人来接替苏沃洛夫，他在医院值班要再延长一周。听完勤务兵介绍，苏沃洛夫毫不犹豫接受这个命令。

苏沃洛夫在皇家陆军总医院的这次值班，一直延续八个星期之久。这年，他在医院的值班时间长达 4 个多月。他还向上级递交一份建议，希望改善陆军总医院的管理状况。从枯燥无味的勤务中，苏沃洛夫吸取对自己有益的东西，为日后建立与士兵之间的亲密关系奠定基础。他提出的那份合理化建议，也让上级看到到他的恪尽职守，为今后成为万军统帅埋下伏笔。

人有趋利避害的本性，面对苦差事，总有躲避的本能。但苦差事能磨练一个人的能力，只有经受这样的考验，把苦差事干得有滋有味，才能在未来的人生之路上越走越顺。

对我而言，干苦差事不是人生的“过渡阶段”，而是生命中最珍贵的一部分。常有人信誓旦旦地说：“工作太忙，等这阵子忙过后，我一定要如何如何……”结果，成长过程中不可或缺的珍贵片段，就被打发成过渡与等待。“等着吧！捱着吧！我得咬着牙度过这个过渡时期！”当这样的想法浮现，生命的价值就会“短斤缺两”。生命没有过渡、不能等待。总是努力让自己喜欢每一个生命阶段，因为那些过程本身就是生命，不能重复的生命。

社会上，比我们聪明的人太多了，比我们客观条件好的人也太多了。怎样才能弥补这些主客观劣势？唯一能做的就是努力付出，远离安逸，把苦活累活当做磨刀石，不断提升内在的修为。

带着笑容接受哪些卑微的、令人厌恶的苦差事吧。低下身去，是为了挺直腰板站起来。

别怕失意，那是下一次成功的起点

今天，再一次失意。呆呆地坐在椅子上，想着究竟是为什么。是的，这个坏消息很重磅，再好的心情，也会被搞得支离破碎。

有人说我是个坚强的人。哪怕所有拼搏化成忧郁回报自己，也不肯将歇。经常会对自己说：累了吧，孩子，是不是该原地修正一会儿？但我否决了，无休止的漂泊，无日的流浪，时而感慨，时而叹息，无数个不眠夜，无数个失忆日，衣带渐宽终不悔。

没错，我就是要自讨苦吃。正如这位被免职的高管，仍为公司的事操心。就是要折断翅膀，也要展翅高飞。一时的失意，只是下一次成功的起点。

迈克是宝洁公司亚洲区的销售总监。他是个老江湖，干销售这行已有 20 多年。公司新产品即将进军某新兴国家，为此做了很多问卷调查，确认产品在当地会有广阔市场。为给新产品造势，公司领导层不惜掷下重金，请了很多社会名流，举行一场盛大的新品发布会。

几个月过去，公司在当地的销售额依然在低位徘徊。一场金融危机，波及到这个新兴经济体。人们日子过得紧巴巴的，更没心思去消费不属于生活必需品的商品。

类似情况，此前曾发生过，不过很快被迈克逐一化解。他想了各种促销、宣传手段，动用各种人脉关系。那份惨不忍睹的季度销售业绩，似乎在嘲笑他的努力。他召集全体销售人员开会，经反复讨论，大家达成一致意见：公司的困境，不是员工主观上不努力，而是客观环境造成的。只有等待经济复苏，公司销售额才能触底回升。会后，这份签有全体销售人员姓名的会议纪要，被送往美国总部。

迈克没等来总部的书面回复，迎接他的是新任总裁柯林斯。新官上任，柯林斯不时到基层员工那里转悠。一个月后的工作会议上，柯林斯当众宣布一个重要决定：免去迈克销售总监的职务。

对于这个决定，迈克完全没有心理准备。他一直在这家公司工作，几乎把所有青春年华都献给宝洁。从销售助理、专员、经理一直到销售总监，迈克都伴随企业发展不断成长。现在公司销售情况不好，竟要他这位元老“埋单”，他有些想不通。

负面情绪只维持几天，迈克觉得既然没被公司辞退，就该为公司渡过难关出一份力。他反复思索，下一步该采取什么销售策略。

因为不再是销售总监，迈克有了更多空闲时间。要制定符合实际的销售策略，必须要对市场情况深入了解。接下来的几个月，迈克走访了很多超市、卖场，以消费者的眼光，观察公司产品的销售情况。脚上的皮鞋穿坏了几双，迈克的皮肤变得更加黝黑，嗓音也有些嘶哑。最终，他向柯林斯递交一份洋洋洒洒的市场调研报告。

迈克被免职的消息，让所有员工有了危机意识。一份份建议案、分析报告，堆放在柯林斯的办公桌上。经过集思广益，公司制定了危机时期的销售策略：将销售重点放在中低端市场上；努力挖掘潜在消费需求，逆势而上。

一年过去，宝洁公司打了一场漂亮的翻身仗，销售额比前期翻了一番。这一切成绩的取得，是在危机阴霾还未完全消散的背景下。

年底的总结上，柯林斯当众宣布，恢复迈克销售总监的职务。迈克没有因此沾沾自喜，正如他几个月前被免职时没有自暴自弃。

没有头衔的日子里，迈克始终把自己看做销售总监，从未因被失去权力、薪酬缩水，降低对自身的要求。

被免职，是事业上的失意。人不可能总生活在顺境中，失意带给我们危机感，而居安思危会激发无穷无尽的动力。

世事本无常，我们随时会遇到困厄和挫折。不要把自己禁锢在眼前的困苦中，眼光放远一点。当你看得见未来成功的远景，便能走出困境，达到你梦想的目标。

沮丧的面容、苦闷的表情、恐惧的思想和焦虑的态度，只是你缺乏自制力的表现，是你不能控制环境的表现。它们是你的敌人，坚决拒绝它们!

让担忧和焦虑、沉重和自私远离你，更要避免与愚蠢、虚假、错误、虚荣和肤浅为伍，还要勇敢地抵制失败的恶习和堕落的念头，你会惊奇地发现，你的人生之旅是多么轻松、自由!

走出阴影，沐浴在明媚的阳光中。不管过去的一切多么痛苦、多么顽固，把它们抛到九霄云外。不要让担忧、恐惧、焦虑和遗憾消耗你的精力。把你的精力投人到未来的创造中去吧!

别怕失意，那是下一次成功的起点。

别样的“大学生活”

我和张斌在诗歌协会活动时相识。他是一家上市公司老总，谈吐中带着儒者气质。他的人生很有料，期间的曲曲折折和峰回路转，让我不禁生出敬佩。

他是农家的孩子，出生在上世纪70年代初。上学时，适逢高考恢复。知识改变命运的案例，活生生在身边演绎。农村的日子过得太苦，终日劳作只能解决温饱问题。父母倾尽一切供他上学，希望他走出这个闭塞的地方，过城里人生活。望着破旧的老屋，决心像炽热的岩浆在内心流淌：努力！努力！再努力！一定要出人头地！

临近高考，他总是家里最后睡觉的人。窗外，虫儿低声吟唱，月光像牛奶一样静静泻在大地上。他无暇欣赏自然美景，心中只有那一道道等待破解的难题和诘屈聱牙的英文单词。困了，在书桌上趴一会儿，用冷水擦擦脸、醒醒脑子。

长时间超负荷，身体开始罢工。考试那天，整个人昏沉沉的，双脚好像踩在棉花上，有种飘飘欲仙的感觉。不远处，父亲的眼神像把锥子往身上扎，让短暂“出窍”的灵魂倏地回到肉体。他狠狠掐了自己几下，想让疼痛激发潜能。这一天他等待得太久、也准备得太久，容不得有半点闪失……

成绩通知单寄到家里，那几个数字的排列组合，远低于他的预期。很快录取分数线划定，他只差了一分，与理想中的高校擦肩而过。母亲心疼地说，儿子，你已经这么努力，下次再考吧。父亲也在一旁应和，说家里人可以再等他一年。

他拿出所有复习资料，重新开始准备。一年时间过去，他再次出现在考场。可是，总分却比第一次还低 10 多分。他像个孩子嚎啕大哭，泪水中浸润着多年努力付之东流的伤痛。父亲继续安慰他，没事，我们再考一年，我就不相信你考不上大学。

他却绝望地说，爸爸，你让我去打工吧。我不是读书的料，只会越考越差。我已经这么努力，结果比上次还糟糕。您就不要再让我忍受这样的折磨……

他还没有说完，脸上就感到火辣辣的疼。父亲的双眼似乎要喷出烈火："你怎么这么没出息？从小到大，我没有打过你，你今天说出这样的话，我感到很失望。你先冷静一下，如果深思熟虑后依然这样，我也不勉强你。路是你自己走的，我不可能为你做选择。"

他一连两天滴水未进，恍惚中听到发自心底的呼喊，催促他再次投入复习迎考。第三天，他从房间里走出来，双眼布满血丝，身体绵软无力，脸上写满憔悴。他对父亲低低地说："我再考一次吧，我会尽力的。"

锅里早已炖上一只老母鸡，香味溢满整个房间。他将整整一只鸡都塞进腹中，随后回到自己的房间。这次不是发呆，而是再次投入复习迎考中。

第三次参加高考，他没有前两次那么紧张。成绩单下来，录取他的正是第一志愿的高校。左邻右舍都来他家沾喜气，父亲在众人面前出足风头。很多乡邻对孩子说，这就是你努力的方向。还有人说他家的风水好，祖坟上冒了青烟，尽管这些说法很荒诞。他没有在如潮的溢美之词中飘飘然，只是一语不发地看着这些人。

去学校报到那天，父亲送他到十几里外的汽车站。身后，还有一脸艳羡的七大姑八大姨。父亲没有多说什么，一句简单的话表达此时的心情：“儿啊，大学里继续努力，我们盼望你出息的那天。”

汽车载着他离开小山村，这里的一草一木对他来说太熟悉。十几年来，他没有走出这块巴掌大的地方，不知道外面的世界是什么模样。

十几年后，他又一次回到家乡。这时，他已经是一家股份公司的老总。这些年，他一直没有回家，因为父亲的那句话让他背负太多的压力。没有混出个人样，他不敢回家。

父母早已老得不像样子，看上去比实际年龄衰老十多岁。他跪在父母面前，说出当年所谓“考上大学”的真相。

那根本是他精心设计的谎言，他不想让父母再次伤心。

那封入学通知书，是他在县里文印社伪造的。他见过同学们的通知书，凭借模糊的记忆，设计出这份不存在的录取通知。通知书上的公章，也是他私刻的。四年来，他一直欺骗父母在大学里读书，其实是在南方某工厂打工。工作之余，他并没有放弃学习。几年后，他和几个朋友联手创办了一家网络公司。几经沉浮，他的企业很快占领市场的潮头，在行业内站稳脚跟。回家前一年，公司正式上市，他摇身一变成为亿万富翁。

父母珍藏着一封封他寄来的家书，说此前也看出其中的破绽。只是碍于他的自尊，一直没有点破。

张斌没有去上正规大学，却进了社会这所大学。种种磨练中，他学到普通大学没有的东西。

我有名牌大学学历、有年轻人的经历和热情，但缺少各种挫折的打磨。不经历一些东西，无法褪去身上的学生气。就从现在开始，用坦然和笑容面对各种磨难。不要羡慕他人优渥的生活，不要总惦念这享乐。这不是我这个年龄应该考虑的事。

远方的那座高山，等待我去攀爬。已经整装待发，哪怕山路在崎岖，也要在期盼着登顶的那一刻，那是“一览众山小”的豪情。

寒水中畅游的古稀教授

读大学时，我在各类运动场地上挥洒汗水。这一健康的生活方式，工作后彻底终结。每天长时间坐在电脑旁，颈椎、关节疼痛，体重像脱缰野马般向上狂奔。身体免疫力出现下降，季节转换时，病魔总能找到入侵时机。为此，还得了个“病猫”的雅号。

女友练过跆拳道，一年四季几乎没有头疼脑热。每当我被疾病折磨时，她总会带着嘲讽的语气说：“看来，以后遇到危险，要美女救狗熊了。”为了拥有强健体魄、也为了让她不再如此“嚣张”，我决定开始比蜀道还难的“锻炼之旅”。

我办了张价格不菲的健身年卡。健身教练是岁数和我差不多的肌肉男，我在他的指导下开始力量训练。俯卧撑、仰卧起坐、杠铃、哑铃、跑步机……没过多久，就到了体能极限，汗水浸湿T恤，心像是要蹦出口腔，咽喉部就像团烈火在燃烧。无助地看看教练，他对我孱弱的身体频频摇头。第二天，浑身肌肉酸痛，很多天后，状况也没有明显好转。还要再继续吗？不过，知道下面这位年过古稀的教授，能在寒冷的水中畅游，还有什么理由偷懒？

这是很多年前的事。几位头发斑白的老人，参加完中国近代思想史学术研讨会后，专程来看白山黑水的美丽风光。

虽然只是九月中旬，这里却呈现出一派初冬景象。大自然摘掉绿色装饰，显露出冷酷的真面貌。偶尔有一群不知名的鸟儿在地上寻食，望见有人便呼啦一声展翅飞去。一层薄薄的白雪，像巨大轻软的羊毛毯子，覆盖在广袤的土地上，闪亮着寒冷的银光。远山是一扇扇银铸的屏风，越远处颜色就越浓，直到山顶相接处，就再也分不清哪是雪山，哪是云天。

这行人中间，有一位鹤发童颜、双目炯炯有神的老人，看上去比其他人更加精神。他就是中国思想史专家蔡尚思，一个在思想史领域中如雷贯耳的名字。平时，学生们在课堂上领略到他旁征博引、学识渊博的风采，而这天，人们却看到与往常不同的蔡教授。他带着一颗童心和率真，寄情于山水之间。一个多小时艰难跋涉，蔡老没有气喘吁吁，依旧健步如飞。年轻人和其他老教授气喘如牛，众人都想休息一会儿，蔡老只好停下脚步。

不知不觉中，天空渐渐放晴。他们身旁，是川流不息的溪水。太阳照耀下，水面折射出千万道细碎的银光。峰峦垂悬于清澈透明的碧水中，岩影波光、交相辉映。见此情形，蔡教授喜出望外，开始脱去厚重羽绒衣。

周围人都问蔡老脱衣服做什么？他乐呵呵地说，准备下水去游泳。什么？游泳？大家身上穿着棉衣还瑟瑟发抖，年逾古稀的蔡教授怎么能在冰凉的山溪中嬉水？他们赶紧拽住蔡教授：“蔡老，您的年岁也不小了，又身负重任。天气这么寒冷，还请您三思而行。”

蔡教授不紧不慢地说：“各位放心，我的身体情况自己当然知道。”等到蔡老脱去衣衫，露出全身壮实的肌肉。他用胳膊蘸着溪水搓着身子，是那么怡然自得。游伴们站在一旁，还想再劝，只听“扑通”一声，蔡教授已跃身溪中。他像鱼儿似的，在溪水中快乐游动。过往山民见寒溪中竟有人游泳，纷纷停下脚步看热闹。当听说溪中游泳的人，竟是70多岁的老教授，更惊得目瞪口呆。山风凛冽，岸上的游伴、山民都缩着脖子，而蔡老却搏击寒流、翻波逐浪、自得其乐……

能在寒冷溪水中畅游，蔡老付出很多努力。过去，他身体一直很羸弱。中年时，得过一场大病。病好后，他悟出一条道理：读书破万卷，潜心做学问，报国是基础，健身是基础之基础。他给自己定下计划：每天抽出一小时，完成一定量的体育锻炼。一开始，身体极不适应。同行们劝他放弃这个计划，又不去做运动员，有必要每天这么苦练吗？他依旧忠实地执行计划。终于，身体素质有了很大改观。除了每日锻炼外，他还喜欢上洗冷水浴。无论春夏秋冬，一直坚持冷水洗浴，整整25个年头从不间断。

在蔡教授精神的感召下，继续在健身房“折磨”自己。初始几个月，进步缓慢，每天的运动量只能维持原有水平。同时进来的几个哥们都在突飞猛进。真有点无地自容！难道只能成为女友保护的对象？一次次挑战着体能极限，终于在此后上了一个台阶。

现在，我已渐入佳境。锻炼，像吃饭睡觉一样，成为每天的必修课。每天一下班，直奔这家健身房，燃烧体内多余脂肪。经过近半年锻炼，体重下降10多公斤，恢复到标准身材，疾病和亚健康渐渐远离我。女友看我的眼神，不再像过去那么异样。对我来说，每天的生活都是那么阳光和精彩。

以古稀之龄在寒冷的水中畅游，蔡老不啻创造了一项奇迹。他从中年才开始锻炼，却仍能完成心中的夙愿。其实，人生没有太晚的开始，克服心中的惰性，远离安逸和舒适，不断向着目标前行，总有到达目的地的那天。

走出安逸的圆圈

安逸不该是年轻人追求的目标，他会让你失去方向，也会让你安于现状。长期以往，你只能在自己划定的圆圈内打转，根本看不到外面世界的精彩。

阿强是我高中同学，也是赤裤兄弟。大学毕业后，阿强找了份不错的工作，有稳定收入，工作压力也不大。上天还赐予他靓丽女友。真是职场、情场，场场得意。他本人很满足，我也暗地里妒忌，这么多好事，怎么都落到这小子头上？他工作上四平八稳，生活上自娱自乐，几年后，依旧是最底层职员。与他一同进公司的，有的当上主管、经理，有的积累工作经验后自己开公司，事业干得风生水起。这下，他有些坐不住。

那次同学聚会，阿强诉说着心中不满。边上的同学小 A 善意地说："年轻时正是打拼和打基础阶段，怎么能裹足不前，整天安逸舒适呢？你没看到成功者背后的辛劳，只看到他们在台前的光鲜。落到现在的光景，怎么还好意思说别人？"我也赞同小 A 的观点，一时间阿强成为众人批判的对象，有点傻了。小 A 接着说："过几天，你到我那里去学习。我给你脑子充充电，怎么样？"

话说小 A 读完大学后，通过公务员考试进入一家机关工作。他嫌工作太枯燥，不太适合他性格，试用期间提出辞呈。离开机关后，他先在一家咨询公司任职。花了两年时间，考出高级培训师岗位资格证书。有了这张 PASS，小 A 再次炒了老板鱿鱼，当起自由职业者。每天不必朝九晚五，工作休闲时间可以自己做主。状态好的时候，就多干一点；心情不好时，就出去饱览祖国的大好河山，在青山绿水间释放负面情绪。每年，小 A 为各类公司开设上百场培训或讲座，已是业内小有名气的职业培训师。热心肠的他，听到阿强的感慨，怎么会不伸手帮他一把呢？于是，阿强得到一张免费的培训入场券。

培训要半个多月，大部分时间是在白天，为此要花掉全年近一半带薪假。把宝贵假期耗在培训上，阿强有点舍不得。他做了两手准备，如果培训不对胃口，就启动 B 方案——和女友去欧洲那个著名小岛度假。

培训班第一节课上，小 A 在黑板上画了一个圆圈。圈中站着一个人，他问学生：“你们知道我想表达什么吗？”参加培训的人面面相觑，没一个人吱声。小 A 转身又在圆圈内，添上一座房子、一辆车子、一些朋友，又把刚才的问题重复一遍，还是无人回答。

这都是些什么？无非就是圈子、房子、车子。该死的小 A，在给小学生上课吗？阿强有些坐不住，在脑海里勾勒即将开启的欧洲之行。

“这是你们的舒服区。”小 A 自问自答，“这个圈子里的东西对你们至关重要，有住房、家庭、朋友，还有你的工作。在圆圈里，你们会感到自在、安逸。现在谁能告诉我，出了这个圈子，会发生什么？”

教室里静了一会儿，一位学员打破沉默：“会担心。”另一个声音发出："会出错。"小A接过话茬："是啊，你们说得对，犯错以后又会怎样？"第一位同学回答："我们会从中学到东西，学会怎么去弥补错误、避免错误。"

小A非常肯定这位同学的见解："离开舒服区后，你的视野开阔了，看到、听到以前从未经历的事。"他在圈子外花了一个更大的圆圈，又加上新东西，如更多朋友、更大的房子等。画完这些，他做了总结："如果老在舒服区内打转，永远无法学到新东西。要使自己的人生圈子变大，要努力拓展范围，把自己塑造成更优秀的人。所以，必须走出这个狭隘的圈子，在社会这个大舞台上展现自己，这就是我这次培训的主题。"

说到这里，阿强总算听出点味儿。后面的课程中，小A以图文并茂的方式，深入浅出地讲解职场生存、发展之道。每次布置作业，都要求学员根据自身情况作答。

培训结束，阿强不再像以前那样懒拖拖。他热情大方地对待每个人，认认真真办好每件事，中午吃饭和晚上下班都严格遵照作息时间。不到半年，他就不再是个"小兵"，还被公司列为重点培养对象。

阿强的变化真大，同学们都在网上给他点了大大的赞。正是小A那次点拨，让他勇敢走出安逸圈，在职场的惊涛骇浪中破浪前行。

年轻的你，请从眼前的安逸、享受和懒惰中走出来吧。享受眼前，便不能享受将来；你怕吃苦，到头来吃一辈子的苦。不怕吃苦的人，最多吃半辈子的苦。晚年时，回看那段奋斗岁月，你会发现，那段吃苦的日子，才是人生最有滋味的日子。

PART 06

拆掉心中那堵墙

每个人心中，都有这样那样的障碍，既有主观上设置的，也有客观上形成。无论什么情况，都不要“撞了南墙就回头”。疼痛、流血不要紧，“骨骼硬度”和“抗击打能力”也在相应增强。愿你用勇气挑出障碍的藩篱，轻声吟唱青春激情之歌，开始这趟充满挑战的探险之旅。

哪怕上天夺走一切，我依然会微笑

小丽出书了，听到这个消息，我一点也不惊讶。

那天签售会现场，来了很多人。小丽显得有点紧张，毕竟她此前没面对过这么多陌生人。不过谈起她的长篇小说，局促感消失。这部小说，以她的真实经历为原型。听她讲述，有些多愁善感的女生还留下眼泪……

几年前，我随父亲去拜访老战友陈大叔。正当我和大叔打招呼，一个长相清秀的女孩子从里屋出来。她 1 米 60 的个子，大大的眼睛，皮肤的白皙。让人心痛的是，这么美丽的姑娘，却靠拄着双拐行走。陈大叔说这是他的女儿小丽，今年 19 岁。小丽脸上泛起一阵红晕，看来她还很腼腆。没说几句话，就重新回到里屋里，此后再没出来。

心里涌起一阵酸楚，不过陈大叔后面的讲述，让我对她肃然起敬。

陈大叔告诉我，这孩子一生下来，胳膊和腿都是弯曲的。刚开始，夫妇俩没当回事，觉得随着年龄增长，状况会慢慢改善。身边孩子逐渐能走路，小丽依然只能在地上爬。这时，陈大叔才意识到问题严重，带着小丽去县医院就医。一纸结论，让夫妇俩坠入无底深渊：小丽得的是“成骨不全症”，俗称“脆骨病”。他们觉得小医院结论不靠谱，又带小丽辗转于省医院。当同样结论报告摆在面前，夫妇俩只好接受这个残酷事实。

小丽慢慢懂事，发现自己和周围人不同，自卑情绪像病毒般蔓延。更要命的是，发生在身上的骨折超过100次，哪怕是不经意的小磕碰。这种疾病，把小丽和家人折磨得很痛苦。

即使这样，家人也从未放弃希望。陈大叔不断在精神上鼓励小丽，帮助她树立对生活的信心。到了上学年龄，小丽被送进镇上一所特殊学校，里面都是身体有残缺的孩子。有机会学习课本的知识，小丽从那个灰暗世界走了出来。每天，她总是一大早起床，在家人的搀扶下，早早来到学校。

在学校老师的引导下，书籍成了小丽生活中最大的慰藉。她抓紧一切时间，如饥似渴地阅读各种经典。她逐渐养成一个习惯，把听到的和看到的内容记录下来，建立一个属于自己的素材库。众多书籍中，小丽最喜欢文学。穿梭于优美的文字间，是一种莫大的享受。阅读各种小说、散文、随笔，犹如和作家进行一场精神交流，超越时空限制。她仿佛看到一张张慈祥的面容，鼓励她在文学的道路上不断前行。

读得多了，自然就想写点东西。15岁时，小丽用了三个月时间，完成一篇16万字的长篇小说。虽然内容看起来有些幼稚，但搁笔的那一刻，小丽心中充满成就感。这部长篇小说的手稿，仍然被小丽收藏着。有些泛黄的文稿纸上，镌刻着工整秀丽的字迹。小试牛刀之后，增强了小丽写作的信心。此后几年，她又完成几部中长篇小说和一些散文随笔，字数超过100万字。她的一些散文和小说，刊登在当地报纸副刊以及文学杂志上。散发着墨香的期刊上面，有自己的文字，小丽的笑容更加灿烂。

随着网络普及，小丽尝试将作品搬到文学网站上。凭借质朴细腻的文笔，小丽很快成为某文学网站的签约作家。她不像其他签约作家，为了赶进度粗制滥造。她把作品质量看得很重，宁可写得慢一点，也肯在作品质量上讲究。闲庭信步的写作模式，加上她对生活的细致观察，为她不断带来写作灵感。

每有新作问世，小丽总希望第一时间与文学爱好者分享。听到或褒或贬的评论，小丽明白自身的不足和今后的努力方向。是文学作品，让小丽结识了全国各地的文友。是文学作品，串起一份份珍贵的友情。

陈大叔的讲述接近尾声，眼泪不知不觉中从眼角慢慢渗出。小丽在文学路上迈出的每一步，离不开父母、亲友的关爱，也有她自身不懈的努力。这是一个不幸的女孩！但在精神世界里，她却是一个幸福的人！

“哪怕上天夺走一切，我依然会微笑。”在小丽房间的书桌上，这句话被工整地书写在白纸上。小丽的成长经历，就是对这句话的最好诠释。因为对于文学的挚爱与向往，让她在这条路上越走越宽。

曾读到一篇题为《上帝咬过的苹果》的文章。小丽就是那个被上帝咬过一口的苹果，尽管被上帝剥夺了健全的体魄，但她却获得了一份宁静、一种精神。看上去她失去了一些东西，其实只是被上帝安在了心中。

小丽必将自信地走在路上，抱着那种欢快的喜悦，只留下美丽的微笑。她不会再自卑，不会再苦涩，她会突破生理上的桎梏，让心灵徜徉在自由的世界中。

从她身上，我明白了努力的方向。卸去身上的枷锁，才能把不可能变成可能。

拥有一颗不服老的心

周末早晨，来到离家最近的公园，很多老人在这里晨练。人群中，看到隔壁张老伯，身穿白色太极拳服，手中攥着一把剑，行云流水地舞动着。速度虽不快，一招一式仍能看出功力。他发现我在模仿，问是否愿意学太极拳和太极剑。我当然拍手欢迎，他爽快答应收我为徒。

顾不上疲劳，他手把手地教我动作。无奈我协调性太差，总是顾了手上、忘记脚上的动作。还没练习半小时，体能就开始明显下降。张老伯关切地说，你要加强身体锻炼，否则岁数上去就麻烦了。

此后每个周末，都会和张老伯学习太极拳。练习中，和张老伯聊到生活作息，才知道他每天都被排得满满的。除了恶劣天气，每天清早，他都会到公园锻炼身体。他参加街道合唱团，经常代表街道、社区参加市、区合唱比赛。此外还喜欢书法，挥毫泼墨间抒发对生活的热爱。晚上帮老伴做家务，如果有时间，还抽空写点稿子。他写作不图发表，只是通过文字和心灵进行交流。

我惊诧地看着他，每天这么忙碌，不感到吃力吗？他这么回答：“怎么会累呢？天天都有安排，不会因无所事事胡思乱想。有事做，心里就有底。我听人说，世界上还有个老年人运动会，我还准备报名参加呢。”

还有专门针对老年人的运动会？我顿时来了兴趣，上网查询相关资料。张老伯说得没错，这个运动会的参赛者，很多是白发苍苍的老人。他们步履虽然不再那么轻灵，并没有妨碍他们在赛场上争金夺银的热情。

奥尔加·科特尔克就是此项赛事的明星选手。也许很难从外貌上，判断出她是位 94 岁的高龄老人。和很多同龄人不同，日常生活她能自理，并坚持适量运动。正是这颗不老的心，让她一次次在世界老人运动会的赛场上大放异彩。

她从运动员休息区出来，不紧不慢地脱下外套，在关节处戴上护腕。为防止运动中受伤，她开始做些热身活动。一刻钟后，扩音器内传出她的名字。奥尔加缓缓走向投掷区，用力将铅球推出去。所有选手比赛完毕，她又成为这个年龄组掷铅球项目的冠军。

退休前，奥尔加只是温哥华一名教师，很少从事运动。长时间伏案工作，让她有一副“林黛玉”的身体。退休后，除了做家务，她几乎足不出户。77 岁那年，她参加一次同学聚会，最好的闺蜜凯瑟琳，比前几年身体矍铄不少。问其缘由，凯瑟琳说每天适度锻炼，让她吃得好、睡得香、身体棒棒的。榜样的力量下，她开始走出家门，从此一发不可收拾，迷恋上运动场不能自拔。

训练初始阶段，明显体力不支。她请教一些运动专家，在专业指导下，身体机能开始改善。每周，她都会坚持训练三四次，并参加三次水中有氧运动，定期做躯体伸展运动以及足底按摩。有时夜里睡不着，她就会起来练习拳击沙袋。

1985 年，首届世界老人运动会在加拿大多伦多举行，奥尔加当然不愿放弃这个机会。她立刻让女儿替自己报名，子女们露出犹豫的眼神，她们担心老人受不了长途飞行。其实十几个小时飞行，对奥尔加来说不算什么。软磨硬泡下，子女们终于妥协，奥尔加如愿踏上奔赴赛场的旅途。此后每届世界老人运动会，奥尔加都没落下。她所得奖牌挂满衣柜，至今保持着百米、跳远、标枪等 26 项老年世界纪录。美国《纽约时报》称她是世界上“最伟大运动员”、“最老的运动达人”。

有种理论叫“疾病压缩论”，是指人类推迟慢性病和衰老到来，老年时依旧保持健康、活力。奥尔加有力地诠释了该理论，她表示，自己会一直运动下去，即使过了 100 岁，依然觉得自己还‘年轻’。只要身体能东，就不会停下来。从某种意义上来说，人永远都不会老，老去的只是容颜，时间会让一颗灵魂，变得越来越动人。奥尔加就是这样一个“不会老”的老人，她本身就是一段令人惊诧的传奇。

曾经，“我已经老了”的忧郁心理，深深笼罩在心头。不过从奥尔加身上，我又找回年轻人应有的自信。每次情绪最低落时，就会观看奥尔加比赛的视频。她还在为心中的梦想拼搏，我还有理由埋怨现实、垂头丧气吗?

拥有一颗不老的心，就永远会有一个美丽的姿态。岁数不是障碍，只要心中有梦想，任何时候开始都不会晚。不要再有心理障碍，有了想法，就背上行囊，踏上这段令自己神往的旅程。

权威并不可怕

权威的言论，在常人眼里，大多只能崇敬与服从。

他的创作态度一丝不苟，会为一个“准确到位”的词语反复推敲，成文一页有时需耗时数周。然而在他那个年代，深入描绘琐碎日常生活的写法，与着力吸引读者眼球的小说大相径庭。

1849 年，他的第一部小说《圣·安东尼的诱惑》被很多知名书评家猛批为完全失败，直接被扔进火里化作灰烬。

书评家杜坎普这样形容他的力作《包法利夫人》：“你用一堆细节把小说掩盖起来，这些细节写得很好，但太过肤浅。”另一位书评家洛朗·皮沙更是在《包法利夫人》的手稿上，大幅标注修改和删节建议，要求他进行彻底调整。

尽管被众人驳得体无完肤，福楼拜依旧寻找识货的出版商。终于，这部现实主义小说被一家小出版社接纳。令编辑们始料未及的是，《包法利夫人》很快轰动法国文坛，随即荣膺法国最畅销文学作品，被誉为世界最具影响力的小说之一。

《包法利夫人》是我最喜欢的名著之一，走上小说写作道路之初，曾拿它作为学习模仿的范本。特别是其中优美精致的描写，更是将其工整地摘抄在笔记本上。谁曾想，这部小说在成名前，会经历这样的坎坷？

真佩服福楼拜，他能“无视”这些权威，换作我，早就把头缩回去，该干嘛干嘛去了。

楼下有个瘸腿的男人，一辈子没结过婚、无儿无女。每次看到蹒跚地从眼前走过，总是心生同情。有空，总会去帮他做点力所能及的事。这一来二去，我们就熟了。

他原本是一个优秀的人，直到生病前那一刻，依然沉浸在溢美之词中。上天却对他开了一个玩笑。18 岁那年，他踌躇满志，向着高等学府作最后冲刺。那天晚上，他恋恋不舍地合上书本。右腿膝关节，却毫无征兆出现剧痛。他并没有将疼痛当做一回事，此前身上其他关节也曾痛过。黑夜中，他紧咬牙关，希望痛感会有所缓解。

这是一个不眠之夜，疼痛和疲惫交织着。他从 1 数到 1000，用意志命令自己入睡……这些方法都不奏效。他只好瞅着天花板，期盼黎明早点到来。

东方吐白，阳光缓缓照进屋子。他准备像往常一样，去学校复习迎考。刚从床上爬起来，却发现腿脚不听使唤。好不容易让自己站起来，没走两步，却重重摔在地上。父母听见声音不对，进屋后见他躺在地上。刚忙送到医院，做了很多检查。结果要几天后才能拿到。他安慰父母，也许是累了，休息几天自然会好的。

那几天，他的活动空间缩小到那张床上。不过，幸好有书相伴，还不至于寂寞。几天后，疼痛依然没有消退。拿到检查报告，上面也没有明确的结论。父母再也坐不住，他又被转到省医院。花了很多财力、物力，终于挂上专家号。经历多次折腾，他被确诊为一种罕见的肌肉萎缩症，必须立即手术。

他还被蒙在鼓里，没意识到病症的可怕。从麻醉状态醒来，发现右腿整整短了 5 厘米。他愣住了，那个完美优秀的他，此刻不复存在。这几厘米的误差，让他每一步都不再像过去那样稳当。他学习和生活中的一切，都随这次变故发生变化：他因几分之差被大学拒之门外。面对心仪女生，只能在一边单相思，对方眼神让他无地自容。他像只折翅的孤雁，在群体中显得那么另类。

因为身体残疾，下岗后做了丧劳鉴定，领着社会救济过日子。一次朋友聚会，得知自己当年的诊断竟是误诊。他完全可以不锯腿，用保守疗法慢慢治愈萎缩的肌肉。这样，可以像正常人一样，在事业上更优秀，在家庭上更美满，享受到人间更多快乐。可现在，都随着这条残腿付诸东流。

那个朋友问他，给他治疗的专家，一定是庸医、伪专家。他无奈地摇摇头，说不是庸医，而是这个领域内的最高权威，在他手下，曾创造过无数医学奇迹。就是这个权威，却在他身上犯了庸医式的低级错误，这个错误是致命的，毁了一个人的精彩人生。

后来他得知：很多年间，也有医生对他这个病例提出质疑。但看到主治医师是那个专家，他们不得不闭上口。正是名医误诊，将纠正扼杀在萌芽状态。这真是悲哀！

正如历史上亚里士多德的理论体系，从现代科学看是错误的，但却能维持两千多年屹立不倒。期间不可能没有质疑，但都缺乏挑战权威的勇气。直到近代牛顿横空出世，这个谬误才被纠正。

权威的判断也会出错，因为权威也是人。敢于挑战权威，需要那坚定的勇气，哪怕被“千夫所指”。风雨过后，眼前会是鸥翔鱼跃的天水一色；走出荆棘，前面便是铺满鲜花的康庄大道；登上山顶，脚下便是积翠如织的空明山色。就让生活，在我们手中掀开崭新一页！

别把自己太当回事

职场中，很多人会认为自己不可或缺，少了自己，公司效益会受损严重。殊不知，除老板外，缺任何人公司照样运转。不要将自己看得太重，否则是人为设置障碍，苦痛只有自己去品尝。

沙漠中最常见的交通工具是什么？没错，是骆驼，很多人正是骑着这种耐渴的动物，度过一座座险恶的沙丘。故事中的骆驼，人类没骑在身上，而停着一只小小的苍蝇。骆驼日夜前行，终于通过杳无人烟的沙漠。苍蝇享受搭便车的惬意，不费吹灰之力到达远方。它用略带讥笑的口吻说："谢谢骆驼大哥！没有你闷着头憨憨地走，我这个天才也不会这么快通过沙漠。"

骆驼转头看了看苍蝇："你不说话，我还没发现你呢。现在你要离开，根本无需向我道谢。你的分量对我来说忽略不计，驮你根本不费力气。别把自己看太重，你以为你是谁。"

越是渺小的东西，反而会把自己想象得很高大、很重要，故事中的苍蝇就是如此。不过，我们也会把自己看得太重，遭受意料外的羞辱、成为他人笑柄。

英国著名剧作家萧伯纳在莫斯科访问时，遇到一个活泼可爱的小姑娘。她长得天真可爱，一对水汪汪的眼睛炯炯有神，头上扎着一个大蝴蝶结。萧伯纳和这个孩子玩了很久，似乎把她当成自己的孩子。临别时，萧伯纳用带有显摆的口气对小姑娘说：“今天同你一起玩耍的是世界有名的大作家——萧伯纳。”小姑娘却不买大牌的帐，用萧伯纳的语气回敬他：“今天陪你玩耍的是苏联小姑娘娜塔莎。”

著名表演艺术家英若诚生活在一个大家庭中，每次吃饭，几十号人围坐在大厅中一起吃，排场还真够大。

有一天，可能虚荣心作祟，他决定跟家人开个玩笑。吃饭前，他将自己藏在一个柜子中。脑海中想象这样的场景：众人看不到他，乱作一锅粥，像没头苍蝇满屋子找他。等大家脸上显出绝望的表情，他再从柜子里出来，朝家人傻笑。这么做，不失为一种生活情趣。

设想归设想，现实却没有随他的心愿。他躲到柜子里很长时间，外面没有什么异声。他将柜子推开一条很小的缝隙。大家都很镇静，好像什么事也没发生。他经常坐的那个座位空着。偶尔有人提到他，很快认为他有事不能回家吃饭。晚饭在规定时间结束，大家酒足饭饱、渐次撤离饭桌。等所有人离开，他才从柜子里出来。桌上只剩下残羹冷炙，他只能用这些充饥。

名人尚且如此，更遑论我们这些芸芸众生。经常会听到朋友抱怨，说老板怎么不厚道，自己累死累活为公司创造效益，但工资卡上的数字没有符合预期增长，典型的投入和收益不成正比！真想辞职不干，看老板在自己离开后，会陷入怎样的窘境。等他明白过来，让他肠子悔青。让他明白，不尊重人才，会是什么样的结果。

有人还真将这个想法付诸实施，却遭到和英若诚同样的命运。企业并没有陷入瘫痪，各项业务并未因为某人离去中断。反倒是辞职者，陷入找工作的苦战，不得不重新包装自我，才将自己“售卖”

出去。

说这些事例，真心告诫大家：永远不要把自己看得太重要，否则就会“死”得很难看。

现代企业，分工越来越精细，每个人在公司里发挥的作用，其实是很微小的。如果把企业比做一间房，那么你就是其中一块砖。如果把自己看得过重，就是本末倒置，没有认清实际形势。建议你把自己看轻些，可以卸下心灵负担。对自己期望不是过高，心中的苦恼也会少些。

约翰·保罗说过：“一个人真正伟大之处，就在于他能够认识到自己的渺小。”别把自己看得太重，是一种修养，一种胸怀，更是一种处事的哲学。真正伟大的人，往往虚怀若谷、行事低调。而那些“半瓶醋”却恃才傲物、趾高气扬，试图通过傲慢和张扬满足虚荣心，最终只会自讨没趣。

米兰·昆德拉的小说《生命不能承受之轻》，讲的就是生命中有太多事，看似轻如鸿毛，却让人难以承受。很多情况下，我们自己的观念和行为，会给自己造成伤害。别人不会同情受到的这些伤害，你能做的就是改变自己。如果对自己估价低些，又何来难以承受之轻？

对自己勇敢说“不”

每个人或多或少都有点自恋情结。想想吧，取得现在的成绩，肯定付出很多。要把这些成绩踩在脚下，一切从头开始，谁都不太愿意这么做。

可不这么做，看不到新东西，听不到新声音，学不到新东西，自我提升从何谈起?

常看到一些书上说：“要勇于对别人说‘不’。”否定别人不算太难，只要有足够的勇气和自信即可。难的是对自己说“不”，能做到这一点，才能迎来崭新的人生。

1911 年，IBM 公司创立于美国，业务遍及 170 多个国家和地区。它提供领先的云计算、大数据和分析、社交商务、信息安全等解决方案，为信息时代下的人们提供种种便利。早在 20 世纪 30 年代末，IBM 公司的产值超过其他同类公司总和，一跃成为全美最大的商用机器公司。二战以后，销售额创纪录地达到 14 亿美元。

不过，公司仍面临计算机行业的挑战。1952 年，由埃里特和莫奇里博士创立的雷明顿—兰德公司，已拥有全美最多的计算机专业人员，在计算机技术上至少领先 IBM 公司 5 年。面对强劲的竞争对手，IBM 公司该采取什么举措？是放弃计算机领域、还是积极与之竞争？总裁老沃森为此犹豫不决，当时使用计算机的只有为数不多的几家大公司，而研制计算机技术要投入大量资金。除此之外，老沃森还有最后一根救命稻草，那就是公司在打孔机市场占有很大份额，也能带来超额收益。通盘考虑后，老沃森决定按兵不动。

儿子小沃森却跳出来唱“对台戏”。他觉得 IBM 公司不能满足于商用机器的“老大”地位，应当重金投入计算机技术研发。如果一味保守，肯定会在今后发展中落后于竞争对手。

老沃森听完很不高兴，父子俩产生激烈争论。有一次，两人因公出差，因意见不合在机场贵宾候机厅内大吵起来。小沃森气呼呼地说：“你自己去纽约吧，我回公司去了。”

没多久，小沃森的预言就得到验证。当时，全美正进行人口普查，这本应是 IBM 公司产品大显身手的舞台。经过招投标后，调查局在数据处理时选用雷明顿—兰德公司的计算机，因为其计算速度是 IBM 公司计算器的 19 倍。调查局官员明确告诉老沃森，计算器已经过时，以后政府部门不会再采购这一系列的产品，还提出要终止已经签署的订单。老沃森又急又恼，立刻把儿子叫到办公室，宣布把开发计算机的任务交给他。

小沃森扑哧一声笑出来：“父亲，你总算认识到自己错了。其实这段时间，我早已拟定详尽的计算机研发计划。要不了多长时间，我们就能扭转被动局面。”

取得父亲支持后，小沃森放开手脚，对研究机构进行改革：任命麦克道尔为实验室负责人，大量招聘电子技术方面的人才，并进行“国防计算机”的开发。为了打造专属于自己的品牌特色，他花大力气开发商用电脑，聘请冯·诺依曼担任公司的科学顾问，研制出 IBM 第一台存储程序的计算机，也就是通常意义上的电脑。小沃森还利用自己的推销天赋，展开大规模营销活动。到 1956 年，IBM 公司已占领美国本土 70% 的市场，而此前领先一步的雷明顿 - 兰德公司只能享用残羹冷炙，媒体戏称美国电脑业是“IBM 和七个小矮人”。就在 1956 年，小沃森接过父亲手中的“权杖”，IBM 公司最为黄金的时代也由此开启。

合上书页，我开始审视自我。先前总以为自己牛 B，蓦地发觉，我凭什么说自己牛 B，偶尔吹吹牛 B，也只是过过嘴瘾。嘴瘾过完了，心隐隐作痛了。要想告别 2B 青年的命运，我只有勇于对过去那个略显颓废的自我说“不”，在灵魂深处剖析自我。只有进行一番“大手术”，我才能脱胎换骨、浴火重生。

人最难做到的是抽自己的嘴巴子，我却要抽得“不亦乐乎”，左抽抽、右抽抽，抽抽更健康。在不断抽自己、不断自我否定的过程中，我成长了、提高了，这点就够了。不必在乎面子问题，等你取得更大成功，别人会给足你面子。

每个人都有惰性，希望沿着熟悉的道路惯性般前进。殊不知看似安全、平静的表面下，隐藏着急速穿梭的暗流。只有不断看到自身不足，勇敢对自己说“不”，才能在大浪淘沙中始终屹立于潮头，事业之路才会越走越宽。

跳出标准答案的藩篱

过去，农村靠天吃饭，老农民的种地经验就是标准答案。不尊重它，就没有好收成，别人也会嘲笑你："不听老人言，吃亏在眼前。"直到国外无土栽培技术被引进，这个标准答案的垄断地位才被撼动。那些老农民生气地骂道："没有土，怎么能种出东西？老子就不信这个邪。"发狠斗气是没用的，随着收获季节的到来，他不得不承认自己的经验过时了。

标准答案贯穿着整个学习生涯。尤其在初学阶段，确实发挥过积极作用。随着学习深入，标准答案可能有负面作用。应该根据实际情况，跳出标准答案的藩篱，去探索更广阔的世界。

记得上小学时，对标准答案还处在懵懂阶段。幼小心灵里，老师就是最大权威，他的话就是圣旨，不能有任何违抗。标准答案被赋予神圣不可侵犯的地位，只有顶礼膜拜的份儿。

初中阶段，逐渐进入叛逆期，对标准答案的态度有了转变。理科由于客观性较强，还不敢轻易挑战。文科方面，特别是语文，就对标准答案摆出"敢把皇帝拉下马"的勇气。在某些诗词、文章的分析题旁边，总会写下自认为正确的答案。我的"反骨"还没有长成，就被彻底扼杀在摇篮里。面对那张满是红叉的试卷，父亲结结实实揍了我一顿。这下我有些警醒，认识到不能随便挑战标准答案的权威，否则要遭受皮肉之苦。暂时收回叛逆，老老实实行走在标准答案的轨道上。

感谢父母给了我好记性，一目十行将课本扫一遍，就能记住上面所有的知识点。那时候，对标准答案还有一份感激。正因为它的帮助，我进入了心仪的高等院校，读自己喜欢的专业。与标准答案的“蜜月期”中，觉得世界似乎很简单易懂。由此产生一种不切实际的自信——凭考试技能，就能在今后人生中顺风顺水。

带着这种想法工作后，社会用一种讽刺的方式告诉我：标准答案并不能在职场中如鱼得水。来单位报到没几天，领导交办一项任务，让我策划一个活动。我用求学获得的技能，开始寻找过去活动留下的记录。我就将这些档案资料视为标准答案，依葫芦画瓢完成策划案。把初步方案交给领导阅览，他面露不悦之色。他并没有多说什么，把厚厚一摞策划案退给我，让我在两天后拿出新方案。我不敢多问其中的缘由，只好将心中疑惑向带教老师倾吐。

师傅粗略看完我的草案，说这个方案没有任何亮点，完全是照搬过去活动的形式和内容。听了师傅的话，有种无从下手的感觉。多年应试教育，早已将我驯服成服从标准答案的“绵羊”。用恳切的眼神看着师傅，希望他能帮我度过难关。师傅有一副菩萨心肠，帮着我加班加点完成新方案设计。拿到方案第二稿，领导的脸色才多云转晴。经历这次挫折，开始反思此前自己对标准答案的依赖症，决定拓展思维，这样才能适应社会需要。

其实在寻找标准答案的过程中，要学会让自己不满足于标准答案，学会独立思考，获得真相。过分依赖、相信标准答案，只会失去对于真实世界的把握。曾经看到报上有这么一则报道，某大学中文系教授和某著名作家被要求完成一份高中语文试卷。两位成天和文字打交道的人，最后的成绩竟没达到及格线。荒唐的是，其中一篇阅读理解，还是作家本人早年的作品。考题中对于词句、段落的分析，让两位专家十分陌生。最后，这位作家哀叹：自己的作品硬生生被出题者给“阉割”。他写这篇作品时，只是真情实感的流露，哪会有出题者想得这么复杂？这些所谓的“写作意图”和“中心思想”，又是从哪里得出来的？

一代代学子，被圈在标准答案的藩篱中。只要任何人敢翻越这隐形的藩篱，立刻就会受到强力“打压”。这样的教育制度下，造成学生解决实际问题的能力很差。如果整整一代人都这样，势必会影响国家的创新能力，进而影响经济社会持续发展。创新是发展的灵魂，是一个国家兴旺发达的不竭动力。应该鼓励学生适度质疑、挑战标准答案，让他们看到标准答案以外的世界，这样有助于他们今后在职场、社会中立足，有助于整个国家、社会充满活力。

标准答案以外的部分，才是更需要我们去探索的真实世界。让我们带着年轻的勇气和激情，开始这次充满挑战的探险之旅吧。

PART 07

低效会把你整得很惨

有人天天奔波、疲惫不堪，却没取得什么成就；而有人看似优哉优哉，却能攻城略地、被他人景仰。前一种人的苦干精神值得肯定，不过需要加点技巧，把效率提上来。成功需要努力，但请把努力用对方向。在错误的地方努力，只会在成功道路上南辕北辙。

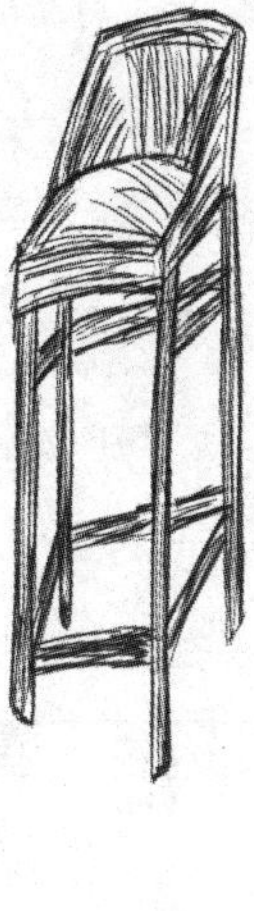

把大石头先放进瓶里

我读的是新闻专业，毕业后去了一家著名广告公司，做了策划设计。拿到OFFER，很多好友投来艳羡目光。“淑瑶，以后你走的是阳光道，我们只能像仰望大神一般，远远看着你。”好家伙，我有这么牛吗？为了不辜负姐妹们的恭维，我决定活出个人样。

“不要指望别人会怜香惜玉，女孩子的柔弱，还是留给你的男朋友吧。职场上，不相信眼泪。”一位比我大两届的师姐，在我去单位报到前，诚恳地告诫我。

正式上班前，我剪去飘逸的长发，理了个波波头。美发店老板冲我努了努嘴，说不要这么好的秀发，怪可惜的。我白了他一眼，让他不要再多罗嗦，我让剪你就剪。

实际工作中，情况远比想象复杂。遇到不懂的地方，只能独自抓狂，像个没头苍蝇四处乱窜。周围同事都很忙，不可能停下手头的活，为你这个菜鸟指点迷津。只好自个儿摸索，尽管速度很慢，尽管会走很多弯路。

下班时间越来越晚，起初是正常下班，后来是七八点，再后来是凌晨一两点。忙起来，常常忘了吃饭，尤其是晚上那顿，肠胃会发出警报，不过却一直无视他们呻吟。等所有事忙完，饥饿也不复存在。对镜子里日渐消瘦的自己，不时送上一句自嘲：“这样不错嘛，减肥大业有望实现了。”

身体状况每况愈下，开始意识到不能再这么透支下去。在心里问自己：每天忙得有意义？有效率吗？是不是还存在有待改进的地方？为此拜访一位师兄，他是职场规划师，很多人经他点拨，走出职场瓶颈期。好在他是我哥们，才能得见这位神龙见首不见尾的大忙人。

坐在松软的沙发上，对面是帅气的师兄。他给我讲了一个故事，是他在企业内训中经常提到的案例。

一次时间管理课上，桌子上放着一只装水的罐子。教授从桌子下面，拿出一些大小刚好可以通过罐口的“鹅卵石”。鹅卵石，被一块块放进罐里。所有石块放完，教授问学生：“你们说这罐子是不是装满了？”学生们异口同声地回答：“是。”

“真是这样吗？”教授又从桌底下拿出一些小石子，一点点往罐子里面放。放进去一些，就把罐子摇一摇。最终，这些小石子都放进去了。教授又说：“罐子还能再装东西吗？”有了上次的教训，学生们不敢马上给出答案。最后，班上成绩最优秀的班长站起来，怯生生地说：“也许还没装满。”

教授点点头，挥手示意他坐下。他又拿出一袋沙子，慢慢倒进罐子里。倒完后说：“现在请告诉我，这个罐子装满了吗？”

“没满。”大家都知道，教授一定会有办法，把新东西装进罐里。

教授称赞了学生一番，又拿出一大瓶水，把水倒进被鹅卵石、小石子、沙子填满的罐里。

我打断师兄的话：“拜托，这么老套的故事，还讲给我听？我不是小学生，知道时间像海绵，挤一挤总会有的。”我和师兄关系铁，平时说话就是这么直来直去，他不会生气的。

师兄努了努嘴说：“小丫头，听我说完再发表高见好吗？”

再回到这个故事。当这些事做完，教授问班上学生，有什么收获？那位自认为聪明的班长，给出和我一样的答案。

教授摇摇头说：“你说得不错，不过这不是今天想说明的问题。试想，如果不先将‘鹅卵石’放进去，而是换成小石子、沙子、水，还有机会把它放进去吗？”

师兄的话，一下子把我点醒。我每天都在忙，看似很忙，实则很多都在瞎忙，抓了一大堆鸡毛蒜皮的琐事，真正重要的、紧急的事却没有好好处理。无论多么复杂的问题，其中必有一个决定全局的核心。如果排除细枝末节的干扰，抓住关键和重点，就能牵一发而动全身，迅速找到破解问题的妙方，进而控制局面。日常工作中，我确实终日勤勤恳恳、忙忙碌碌，但在事情轻重缓急方面总是犯迷糊。总是找不到牛鼻子，“眉毛胡子一把抓”，结果什么也抓不着。与其这样，还不如先不要急着行动，在做事前多动动脑筋，研究一些更高效的方法，形成比较详细的规划。有了战略、有了切实有效的方法，就能减少做无用功的可能性，大幅提高工作效率。

为此，我开始指定短期、中期、长期工作规划。把工作中林林总总的事，按重要性和紧急性确定处理的先后顺序。那些特别重大的事情，要提早谋划，做到心中有数。

其实，对于人生旅途中的事也该如此处理。正如平常所说：“处在哪一年龄段，就要完成哪一年龄段应完成的事，”否则时过境迁，以后再要弥补就要花上几倍甚至十倍的力气。有了明确的人生目标，分清每件事的轻重缓急，才能做到鹅卵石、小石子、沙子和水都能放进罐子里。

才智用对地方，“学渣”也能变身 CEO

他曾经是学渣，父母眼中的问题少年。对他的未来，家人几乎不抱有希望。熟料他却咸鱼翻身，在创业路上挥洒青春的风采。

2015 年 1 月，北京中南海，他和陈道明、姚明等九位社会名流，与李克强总理面对面，对《政府工作报告（征求意见稿）》提出建议。他只有 25 岁，却已是一家估值超亿元的企业 CEO。

他叫王锐旭，出生在广东汕头市外砂镇。他小时候聪明伶俐，还帮着父母做点事。然而，虚拟世界几乎彻底毁掉他。第一次接触网络游戏，紧张的节奏、刺激的画面、升级的快感，让他欲罢不能。几年间，他和弟弟经常逃课打游戏。最疯狂的一次，兄弟俩把网吧的一台电脑包下，连续通宵打游戏。直到父母找到网吧，才痒痒离开。

心思都花在游戏上，他彻底沦为“学渣”——从原先班里前三名，落到倒数几名。中考前，他也没有认真复习迎考，只考出 305 分，连普通高中录取分数线都未达到。父母原本对他寄予厚望，得到的却是这个结果。尤其是平日里和蔼的母亲，这次却用力扇了他一巴掌。这巴掌，打得很疼，一直疼到心里。泪水渗出母亲的眼眶，她为这个家庭吃了这么多的苦，就是希望孩子能有出息。他知道自己错了，从此决心彻底戒掉网瘾。

走进复读班的课堂，王锐旭金盆洗手。经过一年发奋苦读，他考上当地的重点高中。高中三年，他依旧不断鞭策自己，学习成绩越来越优异，2010 年，他被广州中医药大学录取。

从跨入大学校门那一刻，他决定不再花父母一分钱。找兼职的过程中，他吃过没社会经验的苦头。大一暑假，他首次踏上兼职之路。通过网络，联系到一家人力资源公司。对方提供的工作岗位，是某公司行政部的文员，工作技术含量不高，每天报酬高达 200 元。对方提出先要交 300 元培训费、服装费，不交钱，就不能得到工作机会。他担心失去“肥差”，把大半个月生活费给了对方。他被通知去公司参加面试，半个月后打电话去问，对方说他没通过面试。再找到这家中介，已是人去楼空。他这才知道自己被骗，一问身边同龄人，很多人也有过类似遭遇。他忽然察觉到其中蕴藏着机遇：如果能提供可靠的兼职消息，一定会深受大学生欢迎。

他深知自己缺乏企业管理经验，没有急着成立公司。2012 年 5 月，他和几个好友创立“魔灯校园传媒”，把自己定位为校园推广团队，承接中国移动、启德教育、新东方等企业的校园推广业务。没有固定的办公室，他们就在室外开会，常常开到凌晨三四点。有时，还会因讨论热烈遭到保安驱逐。通过几个月努力，取得不错的业绩，一年营运收入超过百万元，团队也从初期的两个人发展至 81 人。

后来他意识到，广告业务只是帮他人做嫁衣，并非长久之计。经过这一年磨砺，他决定做自己一直想做的事——开发一款服务于大学生兼职的 APP。2013 年 8 月，广州九尾信息科技有限公司正式成立。两个月后，他推出首款产品——“兼职猫”APP。

新产品发布才过去几天，“兼职猫”的下载量突破 4000。“兼职猫”上的兼职，除了有常见的家教、企业兼职外，更有吸引眼球的旅游兼职。用户可通过其“兼职旅行”栏目，找到意向旅游城市的兼职岗位，并通过应聘该岗位获得薪资、食宿等回报，真正实现免费出游。一年后，用户量突破300万，其中创建个人简历的有几十万。爆发式的增长势头，自然引来风投公司的关注。2014年4月，“兼职猫”拿到创新谷100万元天使投资。当年9月，又完成1000万元A论融资。从北京开完会回来，他变得更忙了。有多家风头公司主动找上门来，希望对他的公司产品进行投资，还将研制新的应用程序。他并未满足于眼前的成就，而是将目光投向更远的将来。

曾经把才智用错地方，差点毁掉他的前途。幸亏悬崖勒马，将一腔热血和激情投身创业大潮中。“学渣”变身企业CEO，王锐旭创作了奇迹，相信他会携激情和热血，在创业之路上豪迈歌唱、阔步向前。

安顿自己的灵魂

“安居乐业”这个词，每个人耳熟能详。但你是否想到灵魂也需要安顿？如果灵魂失去寄托，灵魂只能在纷繁的世界中漂泊。这种精神层面的流浪，或许比现实中浪迹天涯更凄凉、更令人迷茫。

最近，一位好友并让我推荐一些书籍。为了这个不情之请，我仔细思量，几天后列出一份书目。没想到，那位朋友扔给我三个问号：怎么你列出书目中，大部分是纯文学类读物？读这些虚无缥缈的东西，有用吗？如果无助于升职、加薪，阅读它们不是在浪费时间？我被他连珠炮的提问，一时语塞。

曾几何时，纯文学是一代青年人心中追逐的梦想。文学类读物乃至手抄本，在这些爱好者手中传阅。透过纸上文字，年轻人不断从中汲取无尽的养分。无奈三十年河东、四十年河西，随着资讯日趋丰富、娱乐手段越来越多元化，人们越来越没耐心阅读这些经过历史长河大浪淘沙留下的“经典”。纯文学被挤到偏僻角落，只能在非主流境遇中孤芳自赏、苟延残喘。如果依旧痴迷于这些“靡靡之音”，可能被他人视为“另类”。或许，我在朋友眼中，就被看做这样的“异端”。而他们认为读书首先要是有用的，其次就是能被快速消化。这类读物，按其本质来说是快餐读物。

快餐读物，只能解决我们在物质世界中遇到的困境。它的思想境界只是局限在“术”的层面，而非“道”的层面。如果阅读范围长期陷于这类读物，灵魂就可能饥渴、可能迷茫。适当“进补”一些纯文学类、历史、哲学类经典著作，则可弥补长期快餐阅读带来的缺憾。现在的人，太需要用这些东西安顿自己，比如阅读一段带着作者思想和人生印记的文字。安顿自己，就是给灵魂沏一壶上好的龙井，慢慢滋养，使之得以安然自在。

在这个快节奏社会中，我们的灵魂常常被遗忘。数不尽的光鲜与诱惑，让我们执着于物质上的享受，而忽略精神层面的东西。由此，现代人陷入一种二律背反。一方面，我们是幸运的，因为我们享用古代人所不敢想象的物质生活；另一方面，我们又是可悲的，因为我们被物质剥夺一切，丢失那个精神家园。灵魂就在角落里独自啜泣，只因周围的繁华与喧嚣，听不到这轻轻的哭声。

我们的灵魂需要安顿，而阅读经典就是很好的路径。“视觉盛宴”开始前，需要放下日常生活中积累下的功利心。不要奢望通过阅读获取什么显性利益。当然，可以借助一些方法让自己远离浮华。首先，可以泡上一壶清茶，让嫩绿的茶叶在沸水中上下浮动、左右舞动。轻轻戳上一口，让心扉接受日精月华的洗礼。伴着淡淡茶香，再播放一段轻音乐，让悠扬曲调舒缓紧张的神经。一切准备就绪，带着愉快的心情，进入这个属于我们自己的世界中。不需要读得很快，因为这是一种享受，而不是完成某种硬性指标。身临其境后，我们能感受到作者那颗炽热跳动的心脏，感受曾经的人间冷暖。此时，更应放慢自己行进的脚步，让思维在此种境界中得到锤炼。慢慢合上书页，思绪还飘散在那意境的碎片中。

“读万卷书，行万里路。”除了阅读书籍之外，更需要走出日常生活的束缚，让远行的脚步放飞自己的心灵。一叶孤舟，一抹夕阳，一支撑竿，一曲渔歌，一江暖水，一世人间，简单背后孕育着最美的景色。自然中蕴含着无穷无尽的精神能量，天工之造化让我们不会再计较于眼前的得失和进退。呼吸着清新的空气，烦乱的心境会慢慢平静下来。天人合一之时，就是灵魂得到安顿的时刻。宽松、随性的旅行，让我们找回那个丢失的自我。我憧憬这样的旅行，游历于山水之间，似乎体味到一种闲云野鹤的隐逸之美。

我很喜欢周国平的这句话："老天给了每个人一条命、一颗心，把命照看好，把心安顿好，人生即是圆满。"成功的人生，是可遇而不可求的。只要自己的人生没有留下遗憾、灵魂找到安身之所，这一切对我来说就足够了。

让别人去说吧，
我只需堵上耳朵

流言面前，又一次遍体鳞伤。窝在房间内，整整哭了一下午。

不是没辩解过、不是没反击过，希望用义正言辞赢回尊严，让事情真相大白。可是，效果却没预期那样好。

父亲递来一杯水，底部有些颗粒物。我不解地看着父亲，接过纸巾擦干泪水。父亲开始摇晃杯子，颗粒物溶解，水变浑浊。“你看，拼命摇晃，水反而变混了。正如你刻意去辩解，反而把情况越描越黑。”

我一下子顿悟，不过这个高僧被冤枉的故事，更让我深受启发。

这是个很普通的小镇，地处偏僻山区，与外界隔绝，真好似桃花源“不知有汉，无论魏晋”。那里民风一向纯朴，很少有鸡鸣狗盗、劫掠奸淫之事，人们在平静的日子中生老病死。不过，这样静如止水的状态，很快被一件事彻底打破。

镇上一户普通人家，有个如花似玉的女儿。虽谈不上闭月羞花之色、沉鱼落雁之貌，却也好似出水之芙蓉、不曾沾染什么尘埃。孰料，这样一个待字闺中、二八芳龄的少女，却意外有了身孕。那个年代，未婚先孕岂是小事？父母气急败坏问少女，腹中孩子是谁的种？少女倒还是痴情，就是不肯说出情郎的名字。父母哪能容得这家门不幸之事，将少女狠狠揍了一顿，关在黑屋子内，几天不给她饭吃。

少女被折磨得奄奄一息，为了搪塞过关，她只得扯谎，竟说孩子父亲是附近庙里的高僧。

众人大惊，那位高僧德高望重、道行高深，怎么会行这苟且下流之事？哎，有道是“画龙画虎难画骨，知人知面不知心”，道貌岸然的背后竟干出此等行径。

女孩家人气势汹汹向寺庙进发，不顾小和尚劝阻，径直来到高僧禅房。此时，高僧正在打坐参禅，微闭双眼，进入属于他的精神世界。外面喧嚣声越来越响，他才从禅境中暂时走出来。

还没等高僧开口，众人就开始口诛笔伐，言辞难听得令人不能容忍。不过，高僧依然静静听着，好像他真干过这件亏心事。

襁褓中的婴儿出现在高僧面前，众人问这个孩子如何处理。

高僧只说了一句：“原来是这样啊！我来承担这一切。”说着，他将孩子小心翼翼地抱过来。孩子正在熟睡，样子看上去很可爱。女孩家人离开后，照顾孩子的重担完全落到高僧身上。庙里生活清苦，和尚们只能粗擦淡饭，孩子哪能吃得饱？每天，高僧抱着孩子挨家挨户讨奶喝。镇上的人都知道这孩子的来历，高僧被人指指点点，甚至恶言相向。他淡然面对这一切莫须有的骂名，只要孩子吃饱，他就愿意挨骂。

时间终会告诉人们真相。一年后，少女忍受不住良心的谴责，在一个夜晚对父母说出孩子的亲生父亲。“我们错怪了人家！”少女的家人羞愧万分。他们又一次找到高僧，说出内心的愧疚。眼前的景象形成了鲜明对比，高僧面容憔悴，孩子却白白胖胖。和上一次一样，高僧依旧面无表情，只是说了一句“原来是这样啊！”他将一岁的孩子还给少女，没有丝毫的怨言。

小镇上的人开始为高僧鸣不平，问他在被冤枉时，为什么不进行辩解？高僧解释道：“出家人早已参透生死，视功名利禄为身外之物。名声对我来说，并不是很重要，我为什么要执着于其间呢？我之所以这么做，就是希望解少女之困，拯救一个无辜小生命。佛家有云，救人一命胜造七级浮屠，能够拯救两个人的性命，真是一桩大善事。我为什么要推辞呢？”

我敬佩高僧豁达的胸襟。长时间的静修，让他早已看淡被异化的名利。他就是一位精神上的能者，不至于在俗务中无谓消耗宝贵的人生。他宽容、博爱的内心，忍下常人难以忍下的奇耻大辱，并用实际行动履行本不属于他的义务。

不过，高僧的故事更让我明白面对冤枉时，究竟怎么做才算高明。被误解时，我们总想着去辩白，往往收效甚微。因为他人不愿意听，早已在头脑中形成固化思维，并以此做出判别。每个人都有刻板思维，会对你的辩白产生很强的免疫力。如果别人能理解你，会从一开始就相信你，而不是听你一次辩白改变主意。与其如西西弗般扭转别人的看法，不如默默承受，留给别人更多思考时间。省下辩解功夫，可以去实现更久远的人生价值。这远比逞口舌之能要强很多倍。

再次面对冤枉时，不会正面回击，而是用以柔克刚的方式，让时间来说明一切。让别人去说吧，我只需堵上耳朵。这是一种人生智慧，更是一种人生境界。

给生活留白

都市快节奏生活，巨大的生存压力，让现代人发出“活着真累”的感慨。尽管一边吐槽，另一边却恨不得把每寸光阴填满。如此这般，怎不会身心俱疲？

不要小看留白，它是人生重要的组成部分。让人生多点留白，一张一弛间获得一种平衡。就像某些老小区，密密麻麻挤满房屋，中间走道很窄，也没有休闲去处。生活在这种环境，多半会心理压抑。相反那些商品房小区，有大片草地、健身娱乐设施，为居民创造出宜居的家园。这样结构布局，配得上相对较高的房价。

人生之弦不必调得太紧，要懂得放松自己。曾有人问钢琴家鲁宾斯坦：“你如何将钢琴的音色处理得这么超凡入圣？”鲁宾斯坦笑了笑，说：“我的弹奏技巧并不比别人好。不过‘停顿’是艺术的精华所在。”

是啊！停顿一下，留点空白，这才是最美妙的艺术和人生境界。

最近，在写作上遭遇瓶颈。这种“高原反应”，很多作家和写作爱好者都会遇到。它不仅与作者人生经历有关，也与对写作要求提升有关。前者是很多年轻作者的痛。从小到大，一直行走在四平八稳中，未经历大起大落、大悲大喜，也没饱尝过世事沧桑。写到一定程度，总有素材短缺的那天。对文本要求不断提高，动笔会越来越谨慎。经前辈点拨，暂时关闭电脑，出去呼吸新鲜空气。休息不是偷懒，而是策略与智慧。短暂的创作低谷，是为下次文思泉涌埋下伏笔。

曾经采访过一个“高人”，他信奉“八分哲学”。他表示，如果能用出十分力气，我只会用八分。比如别人竭尽全力能赚到十元钱，那我赚到八元就停止。我就要把两分空间留给自己。这点时间和精力，我会注意天边的云霞，凝视远处的山峦，留意水中的涟漪，聆听父母的叮咛，去欣赏爱人温柔的眼神、孩子纯真的笑脸……生活中不缺少美好的东西，只是我们平时太忙，没心思去留意。尽可能去发觉、去欣赏人生旅途中的风景，远比匆匆赶路要受用。

八分哲学，体现出留白的智慧，讲究的是和谐、有弹性的生活方式。遵循八分哲学的人，不会钻牛角尖、走极端，只是努力接近生活内核。因此，八分饱的人生哲学，本身就是“在路上”的哲学。

留白一说来自绘画，即画面构图要协调、不能太满，否则会给人以压抑感。留下的空间，可以是天空，可以是虚化景物，也可以是干净的地面。浓墨铺满的画不好看，没有笔墨的地方，显水天之空灵，凸画意之深远，谓之“留白天地宽”。

《菜根谭》里有一句话：“忧勤是美德，太苦则无以适性怡情。”尽心尽力去做事本身不错，但过于投入，就会失去愉快的心情。人若失去好心情，只剩下忙忙碌碌，还有什么生活情趣呢?《菜根谭》中还指出：“天道忌盈业不求满”。告诫人们事事要留有余地，这样才能“造物不能忌我，鬼神不能损我。”反之，就会“若业必求满，功必求盈，不生内变，必招外忧。”

上帝在创造人类及世间万物，也要在第七天休息。作为血肉之躯，更需要休息和放松。长期以来，休息权一直被忽视，甚至被贬斥为人的惰性。殊不知长时间连续工作，效率下降，影响到最终结果。国外很多企业，甚至采取强制休息措施，保证员工拥有充沛的体能和精力。这种做法，值得很多国内企业借鉴。

当然强调留白，不是让生活一片空白。留白是为了更好突出画面主体，让整个画面结构更加匀称、和谐。如果留白过多、过大，就会削弱画面的主要内容。同理，如果一直停滞在“留白”状态，生活就会成为一种苍白。苍白的生活是怯懦、是对人生的逃避。经过短暂休整后，依然会投入心爱的写作；正如哲学中所讲，静止是相对的，而运动是绝对的，相对静止只是绝对运动的特殊形态。留白，必然只能是生活的点缀和陪衬，如果喧宾夺主，势必会影响人生的最终走向。

让疾行的脚步暂时停顿一会吧，你将会欣赏到路边更多奇妙的风景。

让浮躁的心暂时平静一会吧，你将会感悟到更多平时无法领悟的人生真谛。

让生活留出一些空白吧，你将会收获比满满的画面更多的掌声和喝彩。

PART 08

你，需要更多双手托举

迷失方向时，渴望有人指点迷津；急需帮助时，希望有人为你雪中送炭；苦苦等待时，渴求有人为你提供机遇；一蹶不振时，盼望给你鼓舞与激励。回望成功之路，有太多双手曾经托举过你。不过，这么多双手不会平白无故地伸过来。需要用智慧和聪颖，为你赢得加油助威的亲友团。

不因人微生鄙视

现代社会中，人脉关系愈发不可或缺。没人敢说，单枪匹马能取得成功。懂点人情学，可以得贵人襄助、获多方助力。这不是投机取巧，只要手段合法、合理。

经营人脉时，眼光不要过于势利、过于短浅。别人现在富贵、出金入银，就一副小人嘴脸地伺候；有人是潦倒的小人物，就不把他放在眼里，甚至冷言冷语。这样很不好！你没有先后眼，能前晓一千年，后知五百年。要告诉自己：不小看任何一个人，不管他现在混得怎么样。现在混得不好，不代表将来不好。世界在变，我们也在变，但不管世界怎么变，不要轻易去看不起一个人。

红顶商人胡雪岩，就有一套高超的交际手腕。胡的过人之处，就在于对事情看得透，眼光够远，从不会轻忽小人物。其中浙江巡抚王有龄，对胡雪岩的发迹有着绝对影响。当初，王有龄不过一介穷书生，只因胡雪岩鼎力相助，帮他考取功名。王有龄心生感激，这才会投桃报李。

历史上就有人吃过轻视小人物的苦果。等明白过来，人才已为他人所用，并帮助邻国成就霸业。

战国时期，群雄纷争。有才能的士人，裹挟治国平天下的鸿鹄之志，朝秦暮楚、游弋在各个渴求贤达的诸侯国。处在这个时期，他自然不甘寂寞。他离开家乡，投靠魏相国公叔痤门下。

公叔痤为魏国强盛呕心沥血。连年操劳，他早已积劳成疾。弥留之际，心里还惦念着一件事：将这个名不见经传的年轻人，推荐给魏惠王。

这天，魏惠王亲临公叔痤府邸。一见到魏惠王，公叔痤叹了口气说："大王，我这病看来不会好了。只是魏国霸业未成，我死不瞑目啊！"

魏惠王宽慰几句，随后试探性地问："岁月不饶人，转眼我们都已两鬓斑白。假设相国百年之后，谁能担当重任？"

公叔痤就在等这句话："大王，我早就想向您举荐贤才。有一个人，才能不在我之下，如果将来能辅佐大王，定能使魏国强盛。"

魏惠王问他是谁，公叔痤说出他的名字。是他？魏惠王对这个人没什么印象，委婉地对公叔痤说："此人年岁较轻，治国经验较少，还需要历练。既然相国推荐给我，就给他安排一个职务。不过，相国是国家中枢，非经天纬地之才不能胜任。还请相国为我再推荐一人。"

公叔痤听了这席话，失望之情溢于言表。他反复强调此人博览群书，绝对是个不可多得的人才。魏惠王脸色凝重，似乎不愿重用这个人。公叔痤还只好使出最后一招："假如大王不愿重用他，就请大王把他杀掉。假如此人去其他诸侯国，一定会让那个国家强盛起来，这将是魏国最大的隐患。还请大王早做决断！"

魏惠王没听出公叔痤的言外之意，不加思索地说："把他杀掉是吗？那我明天就派人去抓他，你放心养病吧！寡人国事繁忙，先要起驾回宫。"

本来是想向魏惠王推荐人才，没想到竟是这个结果。公叔痤和此人私交深厚，不忍心见他身首异处。他急忙叫下人，把此人请到府中。

公叔痤对他说："你赶快离开魏国吧，最好现在就走。"

"为什么？我在这里做事有什么不妥吗？"对方惊奇地问。

公叔痤把同魏惠王的谈话告诉他，很愧疚地说："本来我想把你举荐给大王，没想到大王没听出这个激将法的本意。你是我最欣赏的人，不忍心见到你被杀。明天大王会派人抓你，到那时想走也走不了。"

那人听后嫣然一笑："相国，你放心。既然大王不愿重用我，说明在他心中我这个人无足轻重。大王是个明理的人，犯不上为杀一个小人物赔上贤君的名声。既然如此，又何必杀我？我不会走的，相信明天他不会来抓我。"

第二天魏惠王没派人来抓他。没多久，公叔痤带着遗憾撒手人寰。

最终，那人带着理想，来到极度渴望变法的秦国。他用一番王霸之道，说得秦孝公如痴如醉，开启了战国时期最轰轰烈烈的变法运动。正是这次彻底的变革，让秦国这个被中原诸侯视为戎狄的西方小国，最终成为囊括四海、并吞八荒的大秦帝国。

没错，他就是商鞅，一个起初并不起眼的小人物，最终却在史册上重重刻下他的名字。魏惠王的轻视，让他失去一个使魏国强盛的良机。几十年后，他后悔不已，时光无法逆流，他只能像公叔痤，带着悔恨走完一生。

在这个世界上，会有很多人没你混的好，也有很多人比你厉害得多。一个真正成功的人，决不会看不起任何人。成功的人都没有看不起别人，更何况我们只是普通人。

不因人微生鄙视，过去如是，现在亦如是。

常怀感恩之心

感谢在生命中有恩之人，是人类真情实感的流露。懂得感恩，是收获幸福的源泉。懂得感恩，会发现周围的一切是那样美好。

曾听说这样一段话："落叶在空中盘旋，谱写着一曲感恩的乐章，哦，那是大树在感恩滋养它的大地；白云在蔚蓝的天空中飘荡，描绘出一副感人的画卷，哦，那是白云对哺育它的蓝天的感恩；蒲公英的伞兵从草原上飞过，述说着一件感人的故事，哦，那是伞兵在感恩养育它多年的蒲公英……"常怀感恩之心，会让自我人格得到升华，会让人生达到新的境界和高度。

记得电视剧《神医喜来乐》中有这个片段：主人公喜来乐在京城遭难，携家人返回沧州老家。途经一个村庄，他们口渴难耐，在一口井边喝水，又把黄马褂和石块扔进井里。这一举动，引来成千上百的村民，把喜来乐一家团团围住。当知道眼前的人是喜来乐时，村民的态度发生戏剧性转变：刚才的愤怒和指责不见了，反倒是一声声感谢。这口井有来头。去年，村里遭了瘟疫，死了很多人，多亏喜来乐妙手回春，才让众人免遭病魔毒手。为了感念喜来乐的恩德，村民们特挖此井，并取名为"来乐井"，希望子孙后代在喝井水时，能想起恩人。喜来乐一家被请进村里，挨家挨户接受村民感谢。

这段视频只有几分钟，冲击力却很大。当时喜来乐穷困潦倒，又身负罪名，是落难之人。可村民们不管这些，他们眼中只有恩人，只想着如何报答恩人。这份感恩之心，不带任何功利上的算计，绝不是希望从感恩中获取什么。此情此景，着实令人感动。

我同事的公公是位高校教师，教书育人几十年，现退休在家。他的老伴已过世，儿子不在身边，又体弱多病，独自一人生活显得孤单和不方便。不过，却有十几个不是儿子的“儿子”。他们是他教出来的学生，多年来，志愿组成一支团队，轮流到老师家照顾生活起居，还定期带他去医院检查身体。这些学生都已工作，有自己家庭，这么做，完全是感念师生之情。正所谓“一日为师，终身为父。”

感恩不仅是美德，更是做人处世的智慧。怀着感恩的心，去接纳生活的困境。我们不能控制自己的遭遇，却可以调控自己的心态；改变不了别人，却可以改变自己。人生之路不会一帆风顺，困境和苦厄在所难免。学会感恩，生活便充满阳光。即使再痛苦、再难熬的境遇，同样充满阳光，因为懂得感恩。感恩那些爱我的人给我的温情；感恩那些我爱的人给我的思念；感恩那些妒我的人给我的动力；感恩那些恨我的人给我的大度。

怀着感恩之心，就会想到活着多好，可以看天上繁星，可以听悠扬音乐，可以做你想做之事。对父母感恩，他们赐我生命；对老师感恩，他们教会我知识；对朋友感恩，他们给予我帮助。让我感恩的人太多，在这我说一句：“我的亲人，我的朋友，不论是熟识的还是陌生的，我都要感谢你们，感谢你们给我的一切。”

怀着感恩的心，更加坚定内心的信念。很多时候，成功都是在最后一刻才到来。只要按照自己的天赋发展，不断超越心灵障碍，就会惊奇的发现，原来平凡的我们也可以支撑得起一片晴空。这是属于我们的青春，我们的独家记忆。

“感恩的心感谢有你，伴我一生让我有勇气做我自己，感恩的心感谢命运，花开花落我一样会珍惜”。初听《感恩的心》这首歌，心就随着这首歌所律动，仿佛带着一种隐形的“魔力”。我想词作者一定是经历过坎坷的人，他看透了自己，顿悟了人生，用一颗感恩的心面对每天的阳光，珍惜生活中的美好与幸福、痛苦与不幸。酸甜苦辣、微笑和泪水，都是生命的组成部分。带着感恩之心，坦然地去接受。

风轻轻吹，一直吹进我的心田。一颗感恩的心，温暖了曾经冰凉的心田。让我的心跟无数颗感恩的心，共同在世界欢快跳动。

走出家门，走向自然，放眼鸟语花香，我们要感恩大自然的无限美好，感恩上天的无私给予，感恩大地的宽容浩博。我们生活的每一天都要充满着感恩情怀，衔着宽容、勇敢承受、乐于付出、品味感动，更要学会回报。

用微笑对待生活，用微笑放眼世界，用微笑温暖同事和朋友。这样，每一天都会有好心情，每一天都会温暖如春……

慷慨大气，让你更招人喜欢

慷慨大气是种胸怀，是不计较个人得失的气度。那些成功人士，没有一个是斤斤计较之徒。付出总会有回报——慷慨大气，会让你更招人喜欢，为你的事业打下坚实的基础。

曾在杂志上看到一篇文章，讲得是国外一位老板的用人之道。这位老板对每位员工真诚相待，哪怕是刚进来的菜鸟。在他这里工作，会有大家庭的归属感。非正式场合，员工们都把老板当朋友。这家公司有条不成文的规定：不管谁过生日，老板都会送上蛋糕和礼物。尽管价值不大，过生日员工的心里都热乎乎的。

有一次，猎头向公司某高管抛出橄榄枝。他们提供某公司的销售总监职位，薪酬比现在翻了近一倍。“人往高处走。”那位高管禁不住高薪诱惑，私底下答应猎头。这位员工还算上路，把工作交接完毕后，向老板递交辞呈。看到桌上的辞职信，老板并不生气，很有风度地祝贺他，希望他在新公司工作愉快、步步高升。

三天后，已经去新公司上班的高管，接到原公司老板的电话，让他晚上到某星级酒店去。步入酒店包房，一张张熟悉的面孔出现在眼前。他们齐唱生日歌，让他感动不已。这才想起，今天是自己的生日。有时候一忙，很多人连生日都会忘记。老板对他说：“你在公司干了这么长时间，对公司功劳很大。我不能因为你刚离开公司三天，就把你忘了，坏了我定下的规矩。今天的生日宴，就是感谢你多年来的贡献。”老板的话再次说到他心坎上。生日蜡烛吹灭的那一刻，他眼前又浮现出在这家公司忙碌的日日夜夜。

三年后，这位高管主动要求返回公司。他说尽管那家公司工资较高，但人情味不足。老板像欢迎老朋友那样，把他迎回公司，依然赋予他很高的地位。这位高管投桃报李，还带来很多客户，为公司业绩锦上添花。

这个故事中，大气慷慨的老板，没有计较那位高管的离职，一次次温暖着对方的心。最终的结果，也变得水到渠成。

2008 年春节前夕，南方经历一场百年未遇的雨雪冰冻灾害。湖南长沙连续多日普降大雪，城市道路被厚厚的积雪覆盖，交通出现严重瘫痪。由于郊区蔬菜运不进市中心，长沙市区的副食品供应出现短缺。很多超市和商场门口，出现排队抢购生活物资的长龙。

王德强经营着几家超市，事业上小有成就。见此情景，他动用私人关系，租用几辆履带车，把蔬菜食品运到市内。因为供过于求，很多商品价格上涨好几倍，依然被抢购一空。面对赚钱机会，王德强当众宣布：超市里的所有商品，保持价格不变。

“王德强一定是傻了。”很多亲朋好友，私底下笑话他。王德强却不为所动，依旧平价供应各类商品。

雪终于停了，阳光从阴云后露出。经过解放军和武警官兵几昼夜奋战，连接长沙市区和郊区的主干道终于打通。新鲜的蔬菜和农副食品，源源不断运进来。物资短缺的状况，终于大为改观，商品价格逐步恢复到正常水平。

灾难过去，王德强超市每天门庭若市，生意异常火爆。很多顾客宁愿舍近求远，从很远的地方来超市买东西。几个月过去，王德强的超市的营业额，相比前一段时间增加了50%。

王德强没被利益蒙住双眼，趁机发“灾害财”。他把利润让给消费者，无形中赢得顾客信任，为超市长远发展奠定良好基础。

大气的人，做事不会斤斤计较。有时候，可能觉得他们傻得可爱，但人人愿意与他们接近。反倒是那些“精明之人”，最终落到孤家寡人的地步。算计别人，总会被人看穿。一旦被看出这点，谁还愿意同他交往？

做人要大气。如果心中尽是抱怨，谈何大气？慷慨大气之人，从不会对他人投以鄙视的目光，也不会对自己暂时的成绩洋洋自得。哪怕遭遇再艰难的窘境，始终坚守心中的底线。遭遇失败时，他们也不会在消沉中无法自拔。他们只是全力前进，希望自己尽快走出迷雾和阴云，重新获得阳光的力量！

慷慨大气，让你更招人喜欢。有了这副盔甲，你将华丽转身为无坚不摧的战神，在人生的风雨中勇往直前。

宽容之心增人望

再次被他人伤害，不会像过去那样，奋起反抗、以牙还牙。宽容些又何妨？何必要针尖对麦芒？

宽容是甘甜柔软的春雨，可以滋润内心的焦渴。宽容是人性中最美丽的花朵，可以慰藉人内心的不平。用广阔的胸怀去宽容一切、拥抱一切；宽容别人，其实是在宽容自己。

给别人宽容，别人也会在你需要宽容时，把灿烂笑脸留给你、把温暖的双手伸给你。

历史星空中，常常会有腥风血雨。经过一昼夜鏖战，这支部队几乎全军覆没，将军身边只剩下一位老兵。走着、走着，他们进入一片沙漠。白天烈日炎炎，酷热难耐；夜晚气温骤降，寒冷得令人瑟缩。一路上，老兵要求将军搀扶自己，摆出倚老卖老的模样。面对老兵刁难，将军没有吭声，心中唯一的信念，是让老兵活着走出沙漠，回家与亲人团聚。一天天过去，似乎永远也走不出沙漠。老人要求越来越多、越来越过分，将军从无怨言，俨然是老兵身边的仆从。

直到有一天，老人奄奄一息地对将军说，“你走吧，别管我了。我不行了，还是你自己去逃生吧。”“不！我不会丢下你，我要背你出去。”老人脸上掠过一丝苦笑：“我的两个儿子，就是在这场战争中牺牲。我打心眼里恨你，所以一直在刁难你、拖累你。万万没想到，你却包容我的蛮狠无理。一路上，你用博大的胸怀，融化我内心的仇恨，我已经被你的宽容大度所征服。”老兵从身上解下一个布包：“拿去吧，里面有水，也有吃的，还有指南针，你朝东再走一天，就可以走出沙漠……”话没说完，老人缓缓闭上眼睛。将军留下泪水，将老兵尸体小心安葬，随后走出沙漠。

将军的宽容之心是伟大的，彻底化解老兵丧子之痛带来的仇恨。正是这份宽容之心，让他绝处逢生、化险为夷。

袁盎是汉代名士，生性耿直，处处以国家社稷为重。汉景帝时，他被派往吴国任相，对下属一直很宽容。手下有个小吏，竟和袁盎的婢女偷偷相爱。封建社会中，这种行为不符合当时的伦理道德。袁盎知道后，装聋作哑，并没有追究，还像往常那样对待这个下属。后来，小吏听说袁盎已经知道此事，吓得连夜逃走。袁盎亲自驱车，把他找回来，将与他私通的侍女送给他，仍然让他担任原来的职务。袁盎的举动，让这位下属很感动。

吴楚七国之乱爆发，汉代朝廷震惊，舆论哗然。汉景帝一面忙着调兵遣将，一面商量对策。由于当过吴国丞相，对吴国情况比较了解，所以汉景帝把袁盎也找去。袁盎提出诛杀晁错，以安天下。他的建议被采纳，还被朝廷派往吴国为使。然而，晁错被杀并未化干戈为玉帛，吴楚叛军依旧挥师北上、攻城略地。作为朝廷使者的袁盎，被吴王扣押起来。吴王根本不把汉王朝放在眼里，他连袁盎的面都不见，还丢下一句狠话：要么投降，有么去死。绝望之时，袁盎发现看守他的校尉司马，就是那个和婢女私通的小吏。他带来两石酒，全部拿出来送给狱卒喝。把士兵灌醉后，校尉司马对袁盎说："你快离开这里，吴王准备明天早晨要杀你。"袁盎不相信，问道："你为什么要这样做？这么做，很可能会让你没命。"对方说："您的大恩，我牢牢记在心中。那次我和您的婢女私通，您完全可以重重处分我，甚至杀了我也可以。但您没有这么做，还把婢女许配给我，让我继续当官。此番恩情，我怎么能忘记？即使豁出性命，我也要这么做。"正是袁盎对下属既往不咎，才让他得以安全返回朝廷。

宽容如水。宽容，即原谅他人过错，不耿耿于怀，不锱铢必较，和和气气，做个大方的人。宽容如水般的温柔，遇到矛盾时，往往比过激的报复更有效。它似一泓清泉，款款抹去彼此一时的敌视，使人冷静、清醒。

宽容似火。宽容不仅意味着不计较个人得失，还能用自己的爱与真诚来温暖别人的心。心平如水的宽容，已是难得；雪中送炭的宽容，更可贵，更令人感动。宽容，能融化彼此心中的冰冻，更将那股爱的热力射进对方心中。选择宽容，也就是选择了关爱和温暖，同时也选择了人生的海阔天空。

宽容别人，其实就是宽容自己。对别人多一点宽容，生命中就多一点空间。宽容之心增人望，会让更多人聚集在你身边。有朋友的人生路上，才会有关爱和扶持，才不会有寂寞和孤独；有朋友的生活，才会少一点风雨，多一点温暖和阳光。

怀着一颗宽容之心，你人生的星空将是一片晴天。

用真诚赢得好人缘

真诚，永远是最暖心的词语。有时候，一片真心会被误解。不要因此抛弃真诚，选择虚伪。要相信艰苦跋涉后，前方总有善意的目光在等你，彼此映照、互相取暖。

现实生活中，不少人在工作中得到朋友、同事的真心帮助，如鱼得水，事业蒸蒸日上。婚姻亦是如此，夫妻发生争吵，感情出现问题，只要双方敞开心扉，任何矛盾都有化解余地。真诚，会消除隔阂，让你变得更有人缘。

我的中学同学黑子，最近开上了凯迪拉克。刚拿到车钥匙，他叫上我出去兜风。

我对他说，你小子走了哪门子狗屎运？怎么有钱买这种豪车？

黑子吐吐舌头，我哪有钱？这车原来是我老板的。两年前，是我陪老板去看车。这辆新出品的凯迪拉克，被老板一眼相中。老板等不及厂商将新车运来，加价两万元将作为展品的车开走。谁曾想两年后，我能成为这辆车的主人。

我更惊讶了，老板奖励凯迪拉克，一定是黑子签下什么大单。否则哪会这么慷慨？

黑子呵呵一笑，卖起了关子。反复追问下，他这才说出缘由。

每年年初，黑子所在的汉胜物流公司都会召开全体员工大会。

会上，所有人畅所欲言，场面热闹得很。等员工发言完毕，老板根据众人意见做总结，提出当年发展目标，对员工进行激励。

这年全体员工大会上，老板提出今年销售额可达 1.3 亿元，比去年增加 20%。说出这个数字，员工们显得很茫然，会场内有人窃窃私语。黑子站起来，语气坚定地说："张总，我不太赞同您刚才提出的预期销售额。"

很多人把目光投向老板。虽然他是肚量很大的人，可这句话好像有意和他对着干。刚说出今年的目标，就有人跳出来唱反调，他的脸面往哪里搁？老板脸上有些不高兴："为什么不赞同呢？能讲出依据吗？"黑子取出一份市场调研："今年年初，金融危机余波未消，市场大环境不太好。根据调查，我们客户群的需求并没有增加。因此，达到销售额增加 20%，有点悬。"老板有些赌气地说："好吧，如果最终结果如你所说，就把我那凯迪拉克送给你。"

那辆凯迪拉克是老板的最爱。刚才那句话明显是气话，很多人都替黑子能否留在公司捏一把汗。时间一天天过去，大家很快忘了这茬。此后，尽管大家加班加点，公司业绩依旧不好。到了年底，销售额果然没有达到 1.3 亿元。这时老板通知大家，要当众宣布一个重要决定。

就在会上，老板说把他的那辆凯迪拉克，奖给年初"唱反调"的黑子。此后还举行简短的赠送仪式，老板把车钥匙和赠送协议书交到黑子手中，当天去车管所办理过户手续。

黑子被感动得说不出话，没想到老板会有这么大的诚意。当初，他曾有过离职的念头。现在老板这么仗义，还有必要跳槽吗？

真心羡慕黑子，能遇到这么好的老板。对员工真诚、虚心听取别人意见，这样的老板，员工还有不“卖命”的道理吗？相信伴随着公司业绩增长，黑子会一步步实现自己的人生价值。

黑子的此番境遇，让我想起美国福克斯公司的一件事。福克斯公司创建于20世纪初，迄今有百年历史。多年来，员工的忠诚度很高，工作十年以上的职员比比皆是。

公司初创时，经营业绩并不好，连续几个月处在亏损状态中。总裁福克纳是个不服输的人，怀着无限激情和活力，带领一批青年才俊，为扭转局面日夜忙碌。

转机终于出现，一家公司有意和福克斯公司签署大订单。不过，要求的交货时间很紧——只有短短一个月。按照正常的工作进度，完成这笔订单需要两个月。看来，需要进行技术革新，才能提高生产效率、达到客户需求。

福克纳赶忙召集全体技术骨干，希望十天内绘制出新的流水线图纸。从此，所有骨干吃住在公司。到了第十天凌晨，项目技术总负责拿着厚厚一摞图纸，闯进福克纳的办公室。

仔细看完图纸，福克纳觉得这个主意非常妙。他琢磨怎样奖励这些技术人员。尽管签署合同后，可以给所有研发人员发一大笔奖金。可这要等上一段时间，他不想让奖励滞后。翻遍办公室所有抽屉，总算找到一样东西。他躬身对那位科学家说：“这个给你！”

他手上拿的是一根香蕉。不过，那位技术人员并没嫌弃这个不值钱的奖励。他显得非常感动，郑重地说声“谢谢”。公司的流水线按照图纸升级，生产效率提高几倍，顺利完成订单任务。客户对此很满意，表示今后要继续合作下去。事后，那位研发负责人得到一笔丰厚的奖金，不过他说最令人感动的，是第一时间得到的那根香蕉。

福克纳这个小小的举动传递一个信息，那就是“你做得很好，无以为谢，只好用一根香蕉表示对你工作的肯定。”试想，世上还有哪根香蕉能拥有如此价值？福克纳用真心对待员工、尊重他们的劳动成果，并在第一时间送上鼓励，这点极为难能可贵。

人世间最可贵的是真诚。用真诚的钥匙打开紧锁的心灵之门，会使你的人生畅通无阻。真诚能助你获得无尽的友爱，收获甜蜜的爱情和幸福的生活。愿我们将真诚化作甘露，滋润自己和他人的心田。愿我们在真诚营造的花园中，自由地呼吸，享受那份独有的宁静和清逸。

找到人生的贵人

贵人就是迷失方向时，为你指点迷津的人；贵人就是急需帮助时，为你雪中送炭的人；贵人就是苦苦等待时，为你提供机遇的人；贵人就是一蹶不振时，给你鼓舞与激励的人。可能是熟悉的人，也可能是陌生的人。人生需要贵人助。

不过，贵人的定义不该这么狭隘。某些曾经伤害过我们的人，从另一个角度看也是我们的贵人。

筹备大半年时间，朋友的武馆在金秋时节正式对外开张。他专门宴请那些帮助过他的人。席间，他把在座的都称作“贵人”，并向众人一一敬酒。不一会儿，已经十几杯酒下肚，看上去有些微醺。所有的感谢，都化在浓烈的酒里。

众人把酒言欢，无意中聊到“贵人”这个话题。其中一人的观点让我印象深刻：贵人并非显性层面上给予你多少帮助，而是对你人生有重大影响的人。他的某句话或某个行为，让你看到自身不足，找到事业努力的方向。因此，那些曾经伤害过你、对你造成阻碍的人，何尝不是你的“贵人”呢?

这席话，让我对于贵人有了新认识。此前的一段经历，正印证了“贵人”的多义性。那时，刚从学校毕业参加工作，社会经验还不足。来到陌生环境，难免心怀忐忑、如履薄冰。也许正是不经意的一句话、不在意的某个举止，得罪顶头上司。从此，苦难生活拉开沉重大幕。整天面对她冷若冰霜的神情，还有不知何时会袭来的呵斥和责备。试用期结束，转正也破费周折。经过一番缠斗，终于没有卷铺盖走人。

自那以后，日子稍微好过一些。不过，警报并未彻底解除。矛盾在两年后爆发，我不得不到其他部门挂职一年。暂时离开这个“魔鬼”，心里暗自庆幸。一年时间很快过去，我再次被推入暗无天日的地狱。苦闷、我彷徨，每天像在刀尖上过日子。这时，我重拾写作。上帝为我关闭一扇门，还会为我打开一扇窗。一个个思想片段和智慧火花，化作纸上铅字。渐渐地，我找回自信，不再对未来感到迷茫。

直到这时，才领悟到这位被我视作“魔鬼”的人，才是我人生最大的贵人。没有她存在，职场初期的道路会平坦。没有她存在，人生会按部就班。如果成天生活在安逸中，潜能还能得到激发吗？正是她横插一杠，打破我生活的“惯性”。我不得不重新开启人生的“加速度”，为了心中梦想而起飞。看着一摞摞获奖证书、一本本印有我作品的报刊，会在心灵深处，对这位特别的贵人，说声谢谢。

不要寄希望于上天直接把贵人送到身边。很多贵人，要主动出击才能“俘获”。不过要注意方式方法，不要过于唐突和冒昧，选对时机最重要。主动出击的方式有以下几种：一是主动帮助贵人。首先了解对方的需求，要帮助得让其刻骨铭心且不露痕迹；二是主动服务并请教贵人，比如可以这样说：“您好！我可以在哪方面协助、配合你？”“很期望得到您指点，您认为我怎样能做得更好？”三是主动送小礼物。要送些对方真正喜欢或对他有帮助的东西，不一定用物质上的价值来衡量。有些看似价值不大的东西，对方反而会很看重。关键清楚对方需要些什么。

当然，不能坐等贵人出现。人生的剧本，最终还要靠自己努力书写。贵人至多只是外因，而自身实力才是决定性的内因。贵人不是最终的决定因素，只能加速成功到来。道路就在你脚下，还是要看你有没有勇气迈出第一步，有没有决心沿着这条道路走下去。

朋友又来敬酒了，我喝下这杯满载着他感激的美酒。我相信，武馆一定会在他的付出中不断发展、壮大。这或许才是他对所有贵人最好的报答。

我的思绪，又回到那些帮助过或者伤害过我的“贵人”……

PART 04

勒住时间的蹶子

你是否常有这些的感叹：明明已经很努力，为什么事情还是做不完？除了工作，怎么还是工作？转眼间一天就过去了，为何啥事也没完成？是的，同样时间，在不同人面前，会产生不同的结果。用好时间做对事，是一种人生智慧。勒住时间的蹶子，行走在正确的道路上，路的终点，人生最美的景致在等着你。

不抄捷径，
就是最大的捷径

小时候，吃过大灶头烧出来的菜。那味道，至今难忘。长时间文火蒸煮，食物精华从中萃取出来。忘不了蹲在灶头旁的母亲，为了一锅煲汤或几道主菜，常常要守候一整天。

父亲回家后，锅盖被揭开，香气四溢。喝上一口浓汤，顿时神清气爽。嚼上一口菜肴，软糯、鲜香，调料和食材本身的鲜味，完美地融合在一起。

后来用上煤气，味道就打了折扣。工作一忙，回家吃饭越来越少。很多时候，在麦当劳、肯德基速战速决。花在吃饭上的时间少了，心中的美味也越来越远。

烧菜需要功夫，花多少时间，就能拥有多少美味，容不得作假。据说有些吃货，凭味觉就能知道厨师火工如何。

烧菜如此，人生又何尝不是如此？

快节奏生活，人心难免浮躁。很多年轻人追求速成，期望一夜成名、一飞冲天。如果旁人有点微词，他们会郑重搬出张爱玲那句话：“出名要趁早”。

各种速成班、各种传授“葵花宝典”的书籍，雨后春笋般应运而生。似乎抄捷径、不走弯路，成功就在不远处等着自己。折腾一阵，发现不是那么一回事，成功哪是这么廉价？那些速成班、葵花宝典问世时轰轰烈烈，没过多久便凄惨收场。

世上真有捷径吗？有！不走捷径，其实是最大的捷径。从学外语的过程中，就深深领悟出这个道理。

学好英语，对职场人士很重要。一开始，我也偏爱那些记忆秘诀。可是这些学习方法如花瓶，中看不中用。把这些厚得像砖头的书籍扔在一遍，忍不住爆句粗口。

只好回到那些“笨办法”。如同盖楼，不把一块块砖砌好、砌牢，地基肯定不稳、迟早会塌。那就从最基本的词汇开始吧。积累足够的词汇量，交流和写作时才能有料。不能一下子记得过多，长时间作战会身心俱疲、前记后忘，“贪多嚼不烂”。给自己定了一条规矩：每天记忆 10~15 个单词，第二天温故昨天背诵的单词。月底，对该月学习成果阶段性总结。

背单词是枯燥的，一开始根本见不到成效。机械重复中，很容易出现疲劳、厌倦心理。只好不定时给自己点小奖励，比如完成今天的学习目标，奖励一块巧克力；完成当月学习计划，给自己买件漂亮时尚的衣服；完成终极目标，犒劳自己一趟旅行。物质刺激下，我克服初期的负面情绪。到后来，记单词变成生活习惯，就像吃饭、睡觉一般。哪天不背单词，心里空落落的。暗暗嘲笑自己：是否患上了“强迫症”？我的经历印证一位英语学习专家的话：“将一个单词刻在记忆中，至少需要背诵 16~25 遍。”当然，我不满足词汇的单纯记忆，更注重掌握其用法和搭配。只有学会词汇用法，才能说学到位。

有了词汇的“地基”，我开始从听、说、读、写这四个方面，全方位、立体式培养英语综合应用能力。“读”的方面，大量阅读经典原著。那些西方经典著作，语言使用规范，是英语学习的范本。“听”的方面，收听国内外英语类广播和电视节目。国外方面是英国广播公司、美国广播公司（NBC）、美国广播公司（ABC）、美国哥伦比亚广播公司（CBS）等原版播音节目。国内方面是CCTV9的英语节目，熟悉富有中国特色词汇的英译表达。“写”的方面，定期要求自己撰写短文和商业文件，并把这些文稿交给做大学英语老师的朋友审阅。“说”的方面，定期去英语角操练口语。那里是各色英语爱好者交流的天堂，还有很多热心的外籍人士，帮助纠正不正确的发音。

还记得第一次去英语角的情形。我生性内向，生人面前不大敢说话，更遑论用英语表达。来了好一阵子，只是站在旁边，看别人用流利的英语交流。尴尬持续近半个小时，一位看上去是混血儿的女生走过来，问我为什么不愿说话。我说担心自己表达不流畅、发音不标准。女生嫣然一笑，说这里不会笑话任何人。如果不开口，怎么提高口语水平呢？女孩说得很真诚，我卸下心中的负担，加入沟通交流的行列中。尽管表达得疙疙瘩瘩，但开口总比不开口要好。

经过几年努力，我不仅考出高级口译证书、商务英语证书，还能口头和书面与外籍人士交流。通过猎头介绍，跳槽去了一家外资企业，薪水翻了一倍。新的工作岗位上，我如鱼得水。真要感谢这套最原始的英语学习法！如果一心想着抄近路，时间花了很多，效果依然不理想。与其这样，还不如老老实实，一步一个脚印。

学英语如此，人生亦如此。放弃“抄近路”，可能要走一条路线更长、路途更加陡峭难走的路。然而，这条路通向的地方，将是对手们难以企及的高度。每一个大时代来临之前，阵痛都难以避免，这样的选择，也许是更高层次的大智慧。

抄近路的做法，固然可以在短时间内省时、省力，同时也把探索新路的机会和过程一并省去。从更长时间段来看，其实是在远离成功，让人陷入麻痹和陶醉的迷途。

任何投机取巧的行为，可能唬得住一时，却不可能唬住一世。不抄捷径，就是最大的捷径。

给目标来个庖丁解牛

每个人都有出远门的经历。告别熟悉生活，接触不一样的景致，心中难免会有兴奋感。当新鲜感被稀释，疲劳就会找上门。会在心里不停念叨：什么时候才能到达目的地？水喝完了，背包越来越重，话也不想多说……旅途末段，常常如此难熬。

大二暑假，室友邀我去他家做客。学生时代精力旺盛，就是钱袋子有点瘪。为了省钱，特意买了两张绿皮车的硬座票。从学校到朋友老家，要坐一天一夜火车。起初几小时，闲聊还能打发时光。坐到最后，屁股麻木得似乎不是自己的。火车在凌晨时分到达，天刚蒙蒙亮。长途汽车站内没几个人，首班车发车时间还在两小时后。肚子早就饿得不行，只好在路边买了几个包子，狼吞虎咽吃下去，稍微舒坦一点。坐在空旷的候车厅内，什么事也不能做，眼巴巴地看着墙上的时钟。熬到早上九点，长途汽车终于发动。坑坑洼洼的公路上，又颠簸了几个小时。随后的路程，只能靠双腿去完成。这条山路很难走，路上的小石子硌得双脚生疼。我从小生活在都市，从未走过这样的路，身上还背着包。没走出多远，体能便到达极限，只好不停要求休息。

室友却未露出疲态。他每一步迈得很正常，身上背的东西也比我多。我问他，你一路上好像不累，怎么我俩的差距就这么大呢？

他笑了笑说，我和你经历不同，心情也不同。要不你身上的包也让我来背吧。我性子倔，还是决定自己背。

室友看我快招架不住，想出一招转移我的注意力。他开始讲故事，路边一块巨石、几棵老树、一座破庙，在他嘴里都能变成一段段传奇。我被跌宕起伏的故事情节吸引，渐渐忘记旅途疲惫。就在意犹未尽时，朋友拍了我一下肩膀，指着不远处说："这就是我家，后面的故事，且听下回分解。"

一幢砖瓦结构的屋子，赫然屹立在眼前。西方的天空，被落日的余辉染得鲜红。

朋友打来清凉的井水，双脚泡在里面，顿时疲劳减轻不少。我对他说，今天要不是你出奇招，或许天黑也到不了你家。你怎么耐力这么好？他说自己从小在这里长大，对这条路上的草木和古迹早已熟烂于心。每次走这条山路时，就在心里把路分成几段。每一段路的终点，都有一样标志物。正是目标清晰，才有了精神上的支柱，不会被漫长路途吓倒。

我一下顿悟：看来心中有底、目标清晰，最终结果会截然不同。相同的办法，帮助日本选手山田本一获取世界冠军。

1984 年东京国际马拉松邀请赛，原本并非夺标热门的日本选手山田本一，出人意料夺得冠军。当被问及如何取得桂冠，他淡然一笑说："凭智慧战胜对手。"两年后意大利国际马拉松邀请赛，山田本一再次独占鳌头。记者提出相同问题，山田本一依然是这个答案——"用智慧战胜对手。"

"用智慧战胜对手"的内涵，终于在他自传中得到破解。他说每次比赛前，都会仔细将线路仔细勘测一遍，把沿途的醒目标志记录下来，比如银行、大树、比较奇特的房子……正式比赛时，他就以较快的速度奋力向首个目标冲去，随后就向下一个目标进发。42 公里赛道，被巧妙分割成一小段、一小段。每个目标不难达到，到达终点也不至于遥遥无期。

生活中很多人会半途而废，不是因为难度大，而是觉得距成功太遥远。不是因失败而放弃，而是因心中无明确目标而失败。面前有个明确的靶子，行动就有了参照物，就能找出存在的差距。当前一个目标达成时，进一步增强完成总目标的信心，充分调动潜能迎接下一步目标的挑战。

行远路过程中，就是需要我们分解目标、化解疲劳，以智慧战胜困难；而人生旅程中，也应该有明确的规划。不要畏惧过于遥远的目标，运用化整为零的方法，把宏大的理想变成触手可及的小目标。不要抱怨每天忙碌于如此多的琐事，成功从来无法一蹴而就，只有循序渐进，让每天的忙碌都发挥功效，才能距离目标越来越近。

花时间陪陪自己

剪一段时光，与自己作伴。

读到这句话时，心中顿生共鸣。车水马龙的街道、拥挤不堪的地铁车厢、人流如织的商场、灯红酒绿的娱乐场所……生活在公共空间中，被热闹和喧嚣包裹。卷入这种生活模式，既有主观上的意愿，因为人是社会的动物，有社会交往的需求；也有客观上的无奈，如同进入一座围城，想出来却很难。

细细碎碎的风铃声，是岁月匆匆的脚步；浅浅淡淡的记忆，似天边的一抹斜阳；沧沧琅琅的月光，如一首渐行渐远的暮歌，无声倾诉着最后的情愫。漫步小树林里，默默倾听月亮与星星的心语，静静感受手心与手背的温情，淡淡享受魂牵梦绕的忧伤孤独。

独自走在这宁静中，清理有些杂乱的思绪。

这段日子里，很少在家用餐。电话中，东道主语气恳切，让我不好意思拒绝。每次聚会结束，天上繁星早已稀疏。乘上末班车，眼皮子不由自主耷拉下来。常常会坐过站，不得不步行回去。到家倒头就睡，一天时光就这样翻过去。聚会是热闹的，觥筹交错、嘘寒问暖。毕业多年的同学，分别多日的好友，似乎变得那么陌生。记忆变成碎片，在时间长河中飘零。至于那些生意伙伴，只能将真实想法伪装起来。聚会成为例行公事，表面上是快乐的，实则早已变了味儿。

长时间地在外奔波，自己觉得似乎悬在半空，有失重的感觉。古人云："吾日三省吾身。"我都无法静下来，如何进行反省？这时，才想到要改变生活状态。如果整日沉溺在社交中，只会彻底迷失自我。

曾记得一位名人说过："只有在独处时，我们才是完整的。"白天工作中，精神高度紧张，这是我们应尽的责任。那工作之外呢？是否还要作为工作的延伸？现在有种说法，叫"用工作的方式生活，用生活的方式工作"，好像此乃人生的最高境界。事实真的如此吗？这样的人生信条，只会让工作和生活两套生理机制出现紊乱。工作就是工作，生活就是生活，井水不犯河水。闲暇时间，就应该将所有杂念过滤掉。只有独处，才能让心灵变得很纯。

独处当然不是坐着发呆，那是在浪费宝贵的光阴。希望在清早，迎着慵懒的阳光，毫无顾忌地在沙发上坐着。放一段轻音乐，让优美动听的旋律，轻拂那颗浮躁的心。此后，从书架上抽出一本"难啃的骨头"，很有耐心地、逐字逐句阅读。绝不能快餐式阅读，一定要选择有思想深度和厚度的书。虽然文字上晦涩难懂，一旦破解其中的玄奥，定会收获良多。读上一段时间，难免会精神困顿。这时，一杯清茶能重新恢复神采。鲜绿的茶叶像一群绿衣仙子，在清澈的茶水中上下舞动。喝上这样一杯清茶，就是在获取积存多年的天地之精华。有音乐、清茶和文字相伴，这样的独处绝对让人期待。

独处是一种智慧的沉淀，是一种无我的心境，是一种自然的取舍。在喧嚣中，独守一片宁静；在纷扰中，坚守一心平淡；在落寞中，坚持一份简单。也许只有月白风清的淡定，人淡如菊的从容，才能欣赏到生命过程中至善至美的风景。

独处是一种别样的美。这种美，有内涵，有色彩，更有生命。泉眼惜细流，是一种流动的美，它涓然、执著而深远；层林雪尽染，是一种四季的美，它悦目、怡心而浩瀚；小巷撑纸伞，是一种清丽的美，它温婉、隽秀而永恒。独处亦是一道最美的风景！

有时，窗外难免会杂音，考验着我的定力。好奇心，会驱使人走到窗前向外张望。我不会留恋窗外的风景。这段时间，就是留给自己的，我要珍惜这样的时光。

陪陪自己，有大把时间自己待着，做点什么事或不做什么事全由自己决定。生活的格局就是这样，万物皆备于我，悠然恬淡。自成一格，风烟俱净。这就是独处的好处，放心受用好了。

陪陪自己，这是一种快乐，需要长线保持，独品清欢。生命中需要留下这样的时间，它让我们不至于被外界肢解，这样才是一个独立的、有尊严的人。

快点下手，生活不会等你

很多人做事喜欢拖拉。刚上班那会儿，看看网页、逛逛淘宝、刷刷微信和微博……一来二去，浪费不少宝贵时间。等到准备大干一场，不好意思，午餐时间到了。总不能亏待肚子吧，只好放下手中的活计。下午工作效率依旧不高，为了赶任务，只好硬着头皮加班。看似忙忙碌碌，实则是拖延症在作祟。

这是很多白领的真实写照。他们不是做不好事情，而是一开始没认真去做。只有等到“火警”响起，才充当起“救火队员”。这是大多数人庸碌的首因。不赶紧行动，怎么可能会有好结果？

我也不能免俗，做事总是不紧不慢，常拖到最后一刻才去完成。那次出游前，我真切品尝到拖延症带来的苦果。

一般选择年中外出度假，因为这段时间工作不忙。三年前的七月，我在出行前做足“功课”：买机票、订旅馆、选择出游线路……不喜欢团队游，那种赶鸭子式的旅游，根本没有自助游那么惬意。尽管会有些麻烦，但想到时间都掌控在手中，付出这点代价还是值得的。

旅行前一天，我看一下近期工作安排，还有几项常规工作的台账没有完成。心中有些小小的抱怨：为什么平时不抓紧一点？如果每天稍微抽出一点时间，就能做好这几本台账。不过，依然存有侥幸心理：台账晚几天弄也没关系，以往不都是如此吗？就这样，放心地回家收拾行囊。

第二天一大早就要出发，我刚过九点便上床就寝，就在这天深夜，被一阵急促的铃声惊醒。大半夜，谁会打电话过来？我不愿去接电话，刺耳的铃声却一次次响着，仿佛不把我震出来决不罢休。只好迷迷糊糊睁开眼睛，慵懒地按下接听键。顶头上司急促的声音，瞬间充斥耳膜。她刚接到通知：两天后，上级部门要到单位检查这几年台账的完成情况。面对这“午夜凶铃”，一下子不知该如何回答。这个节骨眼上，还能丢下工作去旅行吗？我只好将所有苦涩咽进肚里，满口答应一定不让她失望。

放下电话，一下子瘫坐在地上。这次旅行，足足准备了半个多月。选定的旅游目的地，也是我和孩子一直想去的地方。这次突袭式检查，彻底打乱计划。为了工作，只好对不起自己和孩子，让这次美妙的旅行搁浅。

胡乱翻出机场、酒店的联系方式，准备退掉机票和预定的房间。联系酒店很不顺利，半夜里，或许值班的人也在打瞌睡。直到第七次拨打那个号码，一位小姐的声音才在话筒里出现。忙完这些，独自一人来到阳台上。天空中，月明星稀，丝丝微风轻轻拂过脸庞。望着熟睡的城市，我再也无法入睡，只能静静凝思。

第二天，家人兴高采烈准备出门。当我说出这次旅行因故取消，失望的表情，写在每个人脸上。尤其是四岁的儿子，撅着小嘴大叫：“爸爸说话不算数，爸爸是小狗。”爱人费了好一番功夫，才让孩子消停下来。

我不能在家里耽误过多时间，匆忙吃完早饭立即赶往单位。那两天里，除了吃饭，我几乎没有休息，晚上还加班到深夜。紧赶慢赶，终于在规定时间完成所有台账。从上级反馈过来的信息，对台账情况表示满意。

因为拖延症，我丢失一次美好的假期。彻底尝到苦涩后，我才开始检讨。我想成功、想赚钱、想人际关系好，但我总是慢一拍；想健康、有活力、锻炼身体，但运动的计划总是被搁置。知道要设目标、定计划，但我从来不去做，就算设了目标、定了计划，也不曾执行过。就这样，一天一天抱着成功幻想，染上失败者的恶习，虚度了好些年。

只有改变拖拉这一点，才能把我从平庸的泥潭中拉出来。我开始只争朝夕，变得更加勤快。我连笨鸟都算不上，光先飞还不够，还要快飞。

为什么要拖延呢？该你做的事，该忍受的痛苦，总要到来的。晚做不如早做，“早死早超生”，伸头一刀缩头也是一刀，何必这么哆哆嗦嗦，没有一点英雄豪杰的腔调？想明白这点，很多事还是及早做完，这样能省却诸多心理焦虑，为后面的事腾挪出时间。

生命有限，好好珍惜，有梦想就去努力实现，有心愿就及时行动，有想法就赶快去做，要及时去做，不要等到来不及。快点下手，不要拖延，要明白，生活不会停下来等你。

年轻时，
就该活出个样子

年轻时光，总那么短暂。还没有好好体会，青春就已走远，只能望见它模糊的背影。最近青春片大热，就是满足了人们追忆青春的心理需求。

“时间都去哪儿了？”终日忙碌、休息日也不得清闲，似乎总有忙不完的事。回家倒头就睡，衣服也来不及脱。迷迷糊糊间，闹钟铃声又响起。每天都是前一天的翻版，每年也变得面目相似，好像一整套设定好的程序。激情和棱角，在繁忙中被磨平。心中不是没有想法，不过巨大的生存压力，逼着我们按部就班，不敢再去胡思乱想。能保住眼下的工作就不错了，还有必要去冒险、去挑战自己吗？弄得不好，赔了夫人又折兵，把先前取得的战果也丧失殆尽，多得不偿失！算了，就这么过吧，反正别人也这么过。

这就是当下很多年轻人的想法。难怪国外有很人说，中国人大学一毕业，就过上了“中年生活”，整天为柴米油盐殚精竭虑。此言虽有偏颇，但也不无道理。与之形成鲜明对比的，是国外一些大学生完成学业后，会外出旅行或去非赢利性组织做义工。这段时间，是学生时代与职场生涯的“缓冲期”。他们认为：青春是宝贵的、不可逆的，一定要抓住青春的“尾巴”，做自己喜欢做的事，在长途旅行或志愿服务中实现自身人生价值。

曾经看到一篇文章，讲的是马云和台湾一群企业家吃饭。酒席上，很多人就创新问题侃侃而谈。马云扫视四周，发现这些人岁数都很大，基本过了天命之年、甚至花甲之年。马云发出感慨，假如七八十岁之人还在创新，问题就大了，因为他们心里不相信下一辈更会创新，挤占本属于年轻人的舞台。其实，他们要做的不是当舞台的主角，而应该甘做绿叶，尽力帮助年轻人实现梦想……

这些成功人士大多是白手起家，凭借吃苦耐劳和坚忍不拔的精神，才取得现在的成就。他们年轻时，所有时间都扑在事业上，几乎没有精力去娱乐、去休闲。一年到头，就蜗居在斗室里，哪儿都不能去、不愿去。即使遇到心爱的人，也不敢在恋爱上浪费过多。他们的天空里，永远是一成不变的颜色。他们的人生词典里，没有激情、没有浪漫、没有放纵、没有彷徨，就像一台台上紧发条的机器，日以继夜地运转。功成名就时，心中难免会有缺失感。为了弥补缺憾，将所有年轻时没干的事，都在年老后补着干。

年轻时，就该做些看似疯狂的事。比如深夜坐飞机到很远的地方，就是为给某人惊喜，十几个小时后，再马不停蹄赶回去上班；比如为掰扯清楚一点小事，两个人熬夜发微信；比如很长时间守候，就是为了多看对方几眼。年轻人有充沛的精力，有敢于犯错的勇气，因为年轻本身就是资本，有失败的时间成本。没有激情的青春，不能被称之为青春。只可惜现在很多年轻人，过早为物质生活而纠结，轻而易举放弃心中的梦想。

在什么年龄，该做什么样的事就做什么样的事，年轻就要草长莺飞，鸟语花香，就要有那份属于年轻的激情与疯狂；年长以后就要有容乃大，笑看风云，就要有年长的成熟、理性与从容，该什么样就什么样，谁也别拔苗助长。

我二十多年的成长历程，似乎也遵循着大多数人的人生轨迹。没有太多精彩，更多只是循规蹈矩。最初入职那几年，像一只不起眼的蘑菇，在阴暗角落里苦练内功，留给自己的时间实在太少，眼看，青春到了尾声，不想让青春成为一张没有任何特征的白纸。就在这个当口，我爱上了写作，通过文字梳理人生、重新认识那个真实的自我。写作，物质上不能带给我什么。不过我就是喜欢，喜欢不需要理由。趁自己还年轻，思维还活跃，就多写一点。等年老时，特别是老得走不动时，翻出泛黄的文稿，上面有我青春的记忆。读起来，会很亲切。夕阳下回忆过去，想起来都是很美的景象。

不要辜负了这大好青春。那封引发热评的辞职信背后，就有一颗火热的心在跳动。在四平八稳和扑朔迷离之间，那位顾老师选择后者。辞职的理由仅有 10 个字："世界那么大，我想去看看。"有人说他任性，不过更多人选择宽容。就连学校领导，也在最后批准了。挣钱的事，不是火烧眉毛。可青春就像沙漏，一丝一毫在流逝，不能有片刻等待。去外面的世界看看，一定会收获比挣钱更多、更重要的东西。有这份人生阅历，也不枉在人世间走一遭。

青春是短暂的，我们需要抓住这个宝贵时刻，做些自己认为有意义的事。不要让自己淹没在滚滚洪流中，让俗务占据所有年轻岁月。

朦胧中，我听到青春的风铃，那是最为真挚的召唤，那是最为动听的吟唱……

用好时间做对事

你是否常有这些的感叹：明明已经很努力，为什么事情还是做不完？除了工作，怎么还是工作？转眼间一天就过去了，为何啥事也没完成？是的，同样时间，在不同人面前，会产生不同的结果。如何利用好时间，让它发挥出最大价值，成了每个人关心的问题。

问题的根本在于你选择做的那件事上。恋爱中，常常会发生“在对的时间遇到错的人”或“在错误的时间遇到对的人”这两种情况。做事和恋爱差不多，你的一厢情愿，并不能换来终成眷属，很多客观因素制约你能否达成最终目标。如果那事不适合你、超出你的能力范围，付出再多努力，也只会徒劳无功。把好钢花在刀刃上，在对的时候遇到正确的那个人，才能品尝到犹如热恋的甜蜜。

下面故事中的主人公，主观上都很努力，都希望在最短时间内挑来更多的水。但选择不同，导致在效率的巨大差距。

寺庙中有三个和尚，每天轮流到山脚下的小河挑水。与那个中等身材的和尚相比，另两个和尚挑来的水少了很多。两人请教有什么秘诀，他微微一笑，询问两人挑水走哪条路。胖和尚说，不大习惯走山路，总选择那条相对平坦、易行的大路。为此，要多走不少路。去时体能还凑合，回来时明显体力不支。他只能勉强坚持，桶里的水洒出来不少。瘦和尚接着说，走小路节省不少时间，他选择这条崎岖的道路。去时也没有什么，回来时很难保持身体平衡。综合下来，他取水量和胖和尚差不多。

听完两位师弟的话，中等身材的和尚才讲出他的方法。他也没有秘诀，只是综合两人的选择。去时水桶空着，走小路节约时间和体力。回来时水桶已满，他宁愿走大路，虽然时间耽搁一些，但不会因为难以掌握身体平衡把水洒出。

很多情况下，我们往往陷入思想上的偏执，只考虑一种因素，忽略其他因素。故事中的胖和尚和瘦和尚，都想节约时间、取得更好的绩效，结果欲速则不达。那位成功者综合考虑各种变量，让挑水之行变得轻松惬意、同时也获取最佳收益。选择正确的方法和路径，可以让艰辛减少些、快乐更多些，同时不影响最后的收益。

还是和尚挑水的故事，只不过由三人换成了两人。

相邻两座大山间有条小溪，是两个和尚的生命之源。每天要到小溪边取水，他们很快成为朋友。有一天，A 和尚没下山挑水，B 和尚望着对岸，内心有些惆怅。想当然地认为，可能是他睡过头了。第二天、第三天、一个星期、一个月……A 和尚再也没到河边挑过水。B 和尚开始担心，朋友会不会生病了？他决定去河对岸看看，有什么可以帮助朋友。

怀着一颗忐忑不安的心，他来到对面山顶的寺庙。庙门微微敞开着，他敲敲门，听到一声洪亮的“请进”。只见好友脸色红润、气宇轩昂，正习练刚柔相济的陈式太极。看他的模样，不像是生病。他忍不住问道：“你怎么一个月没下山挑水，难道找到其他水源？”好友和善地说：“你说的没错，现在就带你去看水井。”

他们缓步来到寺庙后院，好友指着一口井说：“每天做完功课，我都会抽空挖上两锹土，即使时间有限，我也一直坚持。一个月前，这口井中冒出清澈的水。我不必费尽周折下山挑水，节省下来的时间，可以练自己喜欢的太极拳。”

大凡做事有两种境界：一种是做对的事情，一种是把事情做对。只有具备“做对的事情”的观念，才能让自己稳操胜券。出发前，请先想好目的地；着手努力之前，先看清楚目标。如果战略对了，强有力的执行就是战略推进的保证；如果战略错了，那么强有力的执行反倒会加速错误的进度。管理学中有个用 80 / 20 法则，讲的是 80%的成就，是在 20%的时间内取得；反过来说，剩余的 80%时间，只创造 20%的价值。那最宝贵的 20%时间，一定要用在对的事情上，因为它决定你事业和人生的高度。

我决定列一张时间管理的清单，上面会详细列出各项必须要做的事。当然，不能在每件事上平均用力，而是根据事情的轻重缓急及重要程度，把最黄金的时间用在最需要做好的事。“擒贼先擒王”，抓住了重要节点，就掌握了人生的主动权。

用好时间做对事，你将行走在正确的道路上，路的终点，人生最美的景致在等着你。

PART 10

让头脑风暴来得更猛烈些

法国作家司汤达说过："一个具有天才的禀赋的人，绝不会遵循常人的思维途径。"独特是创新思维的急先锋。循规蹈矩，看似坦途，往往路途遥远；另辟蹊径，看似离经叛道，往往是通衢捷径。唯有敢于推陈出新，打破思维定式，才能让你与众不同，闯出属于自己的一片天。

“螺蛳壳”内，也能做“道场”

我和女朋友岁数都不小了。交往三年，彼此间已熟悉，到了谈婚论嫁的时候。双方父母见面后，决定在今年年底举办婚礼。

父母给我的婚房是两室一厅的公寓，已有 20 多年房龄。岁月流逝，屋子显得有些陈旧。爱的“小窝”，这么寒碜可不行。我亲自设计图纸，准备好好装修一番。

装修开工前，接到陈伯伯电话。他是我父亲的同事。最近家里刚装修完毕，邀请我和父亲去参观。

起初不想去，熬夜设计出图纸，想趁周末补补觉。父亲白了我一眼：去看看有什么不好？正好取取经，汲取别人的经验教训。

拗不过父亲，只好上路。

小时候，常随父亲去陈伯伯家。他家住房条件不好，一家人挤在 12 平方米私房中。三年前，陈伯伯儿子结婚，没多久又添了大胖孙子。这样一来，住房条件更紧张了。他家门前，有突兀的违章建筑——超过 1 平方米的自建厨房。厨房内冒出呛人的油烟，借着风势钻进屋里。违章建筑严重影响房屋采光，即使艳阳高照的大白天，屋内仍显得昏暗。室内空气潮湿，到处可见发霉痕迹。三代同堂的大家庭，小两口跟孩子蜗居在一楼。竹子搭的阁楼上住着陈伯伯，低得抬不起头。陈伯伯比父亲大几岁，腿脚不利索，每天上下楼梯是折磨人的事。

有如此景象做铺垫，我对陈伯伯家装修后的情景起了兴趣。快一年没来他家，周围变化不大。拐过几条弄堂，终于到达目的地。

眼前，出现一座比较洋气的小屋子。这还是陈伯伯家吗？我简直不敢相信眼睛。不过看了一眼门牌号码，并没有走错。

违章建筑被拆除，新鲜空气、温暖的阳光，畅通无阻进入屋内。12 平米老房，被改造成四室一厅。小朋友的手掌被拓印，制成防水、防潮的石膏模型，充当门铃作用。楼梯侧板做成小朋友的成长照片墙，将打印出的照片镶嵌到有机玻璃里，依小朋友年龄悬挂，空白位置留给孩子的未来。每一寸面积都得到充分发掘，比如在橱柜外表镶上镜面，既起到装饰作用，还使空间宽敞明亮。坐便器改成靠墙式，淋浴龙头改成挂墙式，面盆下部空间设置成储物处，有效消除空间压迫感。

阳台有个小花园，绿色植物如春的使者。绿叶和红花的绝配，在平淡中绽放活力，在白墙木地中释放热情。深呼吸一口，满胸透心凉的清爽舒适。错层、隔断式设计，层次分明，立体性强，每个人都能体会到家的温馨。

从每一处细节，都能看出装潢设计师的功力。我赶忙问陈伯伯，这一切魔术般的变化，是如何做到的？陈伯伯说，通过好几层朋友关系，联系到台湾设计师王平仲。他毕业于伦敦大学建筑设计硕士，多年来对设计的信仰与坚持，让他的作品给人以温馨的感觉，被业界誉为暖心家居设计师。

设计方案前，王平仲来了好几次，与陈伯伯反复交流，听取他对装修的要求。陈伯伯并没有什么其他想法，只是希望孩子能在舒适环境中成长。确定设计风格时，王平仲将方案重点定位在孩子身上，由此细分出13项。他将设想细化为功能分析图，对不同区域性质进行划分。在测量房屋尺寸的基础上，形成详细的设计草图。他拿着这张草图，再次与陈伯伯沟通，得到认同后，正式启动这项改造计划。

外观设计只是一方面，王平仲更注重装修后生活品质的提高。他测量家里每位成员的身高，力求使设计最符合陈伯伯家人的特质。譬如市面上的椅子普遍高75cm，但王平仲却设计成72–73cm。这种“私人订制”的舒适，只有业主自己才能体会到。正是细节上的精益求精，让老屋焕发新生。

这次去陈伯伯家，让我收获很多。看来，我那份设计图，马上要修改。不一定要请到那位台湾设计师，而在规划方案时，再多思考一点。有时候一点点转变，就能收到意想不到的效果。

很多人抱怨房子不够大，不能在有限空间内，营造出想要的氛围和意境。其实，只要肯花心思去设计，即使再小的房间也能华丽转身。

如同小屋先天上的不足，上天对我们很苛刻。生活中，总能找出这样、那样的不如意。不要去抱怨，不要在自怨自艾中丧失前行动力。只要用心去勾画、细心去经营，你的人生也能在不经意间华丽转身，绽放出美妙绚烂的图景。

别摔倒在熟悉的路上

每天用过午餐，总喜欢走出去晃悠一圈。既有助于肠胃消化，还能看看沿路风景，舒缓紧张的神经。

一直走那条小路。这里车流很少，很安静，旁边还有条小河，河水比较清澈。走两步，瞄两眼小河，沾点诗情画意。半小时后回到单位，像加满油的汽车，高速行驶在工作大道上。

走得多了，对这条路熟悉得不能再熟悉。曾夸海口对同事说："即使闭着眼，我也能从路的这头，走到那一头。"有同事不屑，要和我打赌。不需要从头走到尾，只要闭着眼走完三百米，就算我赢。输的一方，要请赢家到隔壁餐厅用顿法式大餐。

心中暗喜：闭眼走三百米，小菜一碟。你小子太小看老子我了，就等着挨宰吧。

闭眼那一刻，突然觉得这条路变得很陌生。每走一步，都要很小心，生怕踩到什么异物。管理学中有条墨菲定律，讲的是担心某种情况发生，它就更有可能发生。这同样适合日常生活，最终我被一块石头绊倒。

睁开眼睛，那条熟悉的路又回来了。怎么平时没注意到有这块石头？看来，我对这条路的了解，远没有认为得那么熟悉。熟悉中，依然潜藏着危险。

人总喜欢生活在熟悉的生活模式中。不发生什么大的变故，不会尝试去改变。熟悉不代表安全，很可能像我那样，栽倒在熟悉的路上。

这是真实的故事。野兔十分狡猾，缺乏经验的猎手，很难捕获它们。不过在漫天飞雪时，野兔就会露出阿基里斯之踵。野兔胆量很小，不敢走没有自己脚印的路。出来觅食时，总是小心翼翼的，一有风吹草动就逃之夭夭。如果这段路曾经走过，它会心安理得地原路返回。只要找到野兔留下的脚印，安置一个机关，第二天就可以收获这个自作聪明的猎物。

为了生存，猎人们仔细观察者动物习性，利用弱点将其擒获。追击者的智慧固然令人称赞，更值得反思的却是被追击者。野兔就是太相信曾经走过的路，似乎这条路曾经安全，那就永远安全。

人类也会重演野兔的悲剧，为僵化思维付出代价。D 想自己创业，向 A 借一大笔资金用。A 对 D 不熟悉，没有立即答应他的请求。A 有一最好的朋友 B，好像和 D 有过一面之交，于是通过 B 了解 D 的情况。B 想了一会儿，表示自己和 D 也熟，但提到好友 C 也是 D 的密友，可从他那里获取情况。A 找到 C，询问 D 是否可靠。C 拍胸脯向 A 保证 D 的人品是好的。A 还不太放心 C 话语的真实性，又向 B 求证，B 也为 C 的话语做担保。经过这样一番论证，A 才将资金汇入 D 的账户。可是，一个月后，D 却不知所终……

多么美好的一条人际关系链条，似乎每个关节环环紧扣，实际上却不堪一击。我不想谈论人际关系问题，也不想展示世态炎凉。只想说明一点，那些所谓的熟人，值得我们那么放心吗？或许，A 可以通过较直观的方式了解 D 的情况，比如查阅 D 的信用记录等，而不必通过所谓熟人保荐。熟悉的人，在特定环境下也会发生“变质”。

人际关系是这样，工作中又何尝不是如此？很多灾难与事故，除了不可抗拒的自然因素，主观因素也是导致事故发生的主因。因为操作人员对流程实在太熟悉，潜移默化地松懈警惕。看到一幅幅惨烈的事故现场画面、看到事故责任人悔恨的泪水，一种声音就不断在我内心响起：不要让熟悉的人和事麻痹神经。一颗马蹄钉的掉落，很可能导致一场战役失败，乃至一个时代结束。

熟悉永远是相对的，只是过去经历的积累。伴随时代变化与发展，熟悉事物也会在量变中发生质变。只有对熟悉之事抱有敬畏之心，在实践中不断学习总结，才不至于摔倒在熟悉的道路上。

新的一天又在朝霞中到来，面对早已熟烂于心的工作，少了一份不屑与麻痹，多了一份认真与谨慎。或许过分小心会降低工作效率，但宁愿牺牲一些效率，换来千金难买的安心与放心。只要不摔倒在熟悉的路上，我依然还在前进……

不用简历求职

表弟向我抱怨，这些年薪水始终原地踏步，一气之下递交辞呈。本以为找工作不成问题，熟料跑了多场招聘会，群发求职邮件，好工作还在天上“飘”呢。

他递给我一份简历，扯着张苦瓜脸对我说：“表哥，你看看。洋洋洒洒写了这么一大通工作业绩，为什么不能入 HR 的法眼？”

表弟的遭遇值得同情。职场中人，无非希望收入和地位步步高升，让家人过上体面生活。他现在进退两难，做表哥的也为他着急。我静下心来，仔细看完满满三页纸的简历。读完一遍后，竟没有留下很深刻的印象。又读了两遍，还是只能记下很少的内容。

看来，问题就出在这里。我是他亲人，阅读时带着极大的包容心，尚且无法记住。更何况那些素不相识的人，凭什么要听你唧唧歪歪？或许读到一半，这份简历就会被扔到一边。

“表弟，你这份简历篇幅如此之长，别人会看完吗？不要面面俱到，捡最重要的部分放上去。”他“哦”了一声，说会把改好的简历再给我过目。

第二份简历，篇幅上短了不少，可依旧差强人意。表弟的简历上，只是在堆砌事例，少有创造性的提炼。这样的简历递上去，基本上是被丢进公司“人才库”（垃圾桶）的命运。

看来，还是讲故事的效果比较好。或许美国人米勒的求职简历，让表弟有所启发。

2014 年初，米勒被工作两年的网络公司解雇。经济不景气，让他忙碌一个月后，依旧待业在家。

米勒只有两年行政助理的工作经验，在就业市场上竞争力不强。他只能海投简历，希望“乱箭齐发”能命中目标。不过，这种求职方式效率很低。不了解招聘方需求、不根据自身能力，盲目投递简历，只会让 HR 把自己 PASS 掉。他开始做职业规划，觉得自己外向型的性格更适合做销售。他以此为条件，仔细筛选各类求职信息，并精心定制适用于不同公司的求职简历和申请书。

这天下午，他看到斯特瓦（Strava）公司招聘销售人员。他上网搜索这家公司的情况，了解到他们主营运动健身 APP 程序的开发与销售。这些应用程序被安装在手机、手表等移动终端中，人们可以在运动健身中，实时了解身体机能和运动消耗的能量。公司总裁施密特只有三十出头，大学毕业后创业，打拼几年后在运动健身 APP 程序领域小有成就。

招聘启事中有段话让米勒无所适从：“非常欢迎有激情、有梦想的你成为我们中的一员。不过，请不要用简历表达求职意愿。我们希望见到有创意、另类的求职方式。这既符合我们公司的宗旨，同时也能看到你身上的才华和潜力。”

不用简历，那用什么方式？除了文字外，无非就是图片和视频等形式，用影音方式表达出内心想法，米勒的头脑中很快跳出这个想法。不过，他很快改变主意。曾经参加过某创新学大师的讲座，有句话记忆犹新：“你头脑中最先出现的念头，一定要果断舍弃，因为你能想到，别人也会这么想。只有让思维再往前走几步，才能独树一帜。”他只好继续苦思冥想。

他打开电脑里的照片，无意间看到自己在女友宿舍楼下表白的场景。那天傍晚，他点了上百支蜡烛，排成心形的形状。在他的呼喊下，女友感动得哭了，当场答应和他在一起。他突然意识到：求职和恋爱差不多。能投其所好，必能击中要害。既然这家公司主营运动健身 APP 程序，何不用这个平台表达求职意愿？翻开旧金山市区地图，在上面标出“Hire Me”（请雇用我）的字样。他决心在后天早晨，用脚步写出这两个词。

两天后的早晨，室外有些寒冷。米勒换上运动装，带上装有 Strava APP 程序的苹果手表，步履轻盈地从家里出发。他的身体素质，相比读大学时下降不少，才跑了 2 公里，就开始气喘吁吁。路上有很多晨跑爱好者，得知他的想法后，纷纷在一旁鼓励。众人充满关爱的眼神，让他度过艰难的体能衰竭期。三刻钟后，他终于完成了 8.1 英里的行程。“Hire Me”两个醒目的单词，出现在手表屏幕上。他立刻把图片发送到斯特瓦公司的指定邮箱，很快接到面试通知，并最终获得他想要的职位。

面对记者镜头，米勒不无得意地说：“我这么做，不只是为了求职，也是用他们的产品做些有趣的事。这既展现了我的创造力，又让我在早晨享受跑步带来的乐趣。”

表弟彻底明白了，简历不是流水账，只有用最精炼、最有冲击力的词汇，才能俘获 HR 的“芳心”。这次，他给我的简历，条理清晰、关键词突出。果然没多久，他告诉我去一家外资公司上班，工资翻了近一倍。表弟还算是有良心的人，说要犒劳我这个“狗头军师”。

不用简历求职，这个想法极富创意。米勒用他的创造力和对公司产品的热情，赢得了他想要的工作。在这个时代，知识重要，信息也重要，但创新性思路最重要。没有好的思路，任何知识和信息只是一堆没有意义的符码，根本无法让你的人生大放光彩。

不用简历求职，你不妨试试。不过，你先要想出比简历更好的求职方式。

过期食品也能吃？

买东西时，会留意几样东西：生产厂商、生产日期、保质期。尤其是保质期，是悬在商品头上的“达摩克斯之剑”。一旦接近这条红线，无论商品名牌、还是普通商品，都免不了在打折处销中苟延残喘。

不过英国却有一家咖啡馆，专门提供过期食品。非但没有倒闭，还成为很多贫困学生的福音。

没听错吧。会不会又是昧着良心赚钱？近年来，国内频发过期肉、染色馒头等食品安全事件，让公众几乎患上“食品焦虑症”。看到这则报道，我的第一反应就是不法商贩。

别急，等看后文，一切都会明白。

萨姆·约瑟夫是个二十出头的年轻人，几年前还是学生。他在网络上看到一条报道：欧盟国家计划取消部分食品保质期，包括干面、大米和咖啡等。原因是每年因保质期问题，浪费的食品多达 8900 万吨。过了保质期的食品，究竟还能不能被食用？这个问题缠住了约瑟夫。只有用事实说话，他决定就进行调查研究。

约瑟夫和同伴从市场上采集大量过期食品样本，送交专业食品安全鉴定机构。检测结果显示：保质期不是认定食物变质的唯一标准。超过保质期，并不代表马上腐败、变质。有部分刚过期的食品，还是符合食用标准。得到这个结论，家庭贫苦的约瑟夫，每天都吃刚过保质期的食物，节省近 5000 英镑学生贷款。

大学毕业后，约瑟夫打算在校内开一家专卖过期食品的咖啡馆，接济在校的贫困学生。然而，他多次到学校管理委员会递交申请，却被当头浇了一盆冷水。学校管理委员会一致认为：这是个荒唐的决定。过期食品就应该集中销毁的，怎能供应给学生？

心中计划暂时流产，约瑟夫十分苦闷。他到海边散步，浪花拍打着沙滩，还有海水咸咸的味道，心中愁闷消解不少。

“你好啊！没想到会在这里遇到你。”说话的人，约瑟夫有点眼熟。他想起来了，此人就是当初检测过期食品的专家。

专家？办法有了。

他把这个想法告诉专家，说这么做惠及很多贫困学生，具有社会公益性。专家被他的诚意打动，决定向校方提供详尽的分析数据和结论报告，以此说明“刚过期的食品中，有一部分符合食用标准”。

拿到这纸报告，约瑟夫顿时有了底气。学校管理委员会再也不觉得他在胡闹，同意让他试营业一段时间。两个多月后，约瑟夫的咖啡馆终于在校园东北角的空地上开张。

人们心中总有对过期食品的顾虑。约瑟夫专门制作精美的小册子和海报，用图文并茂的方式，宣传某些过期食品依然有食用价值。营业首日，咖啡馆内人头攒动，限量供应的过期食品，很快被一抢而空。

此后，约瑟夫每天从附近的大商店收集刚过期的商品，并立即放入冰箱；和连锁烤鸡餐馆签署协议，取得它们不要的烤鸡；从当地农场得到蔬菜、水果等。为拓展过期食品的来源和渠道，约瑟夫成立由志愿者组成的多支小分队，并通过网络，收集各处要扔掉的食品。

每天，咖啡馆会更换菜单，还有大龙虾、绿奶酪和海鲜拼盘等食品。很多贫困的学生、无家可归者纷纷来此就餐，其中还有商人，实地考察咖啡馆的运营情况，并达成合作协议。除了提供原材料，还给予资金上支持。

过期食品咖啡馆的社会影响力越做越大。约瑟夫计划开办更多这样的咖啡馆，让人们重视食品被浪费问题，同时满足社会上更多人的需要。

过期食品，人人都会遇到。很多人想当然地将其抛弃，却没想到其中也蕴藏着商机。

以后去英国旅游，一定要光临这家过期食品咖啡馆，近距离感受创新思维所产生的魅力。

独特是创新思维的急先锋。约瑟夫打破“过期食品不能食用”的思维定势，让他的咖啡馆在经济效益和社会效益上实现双赢。循规蹈矩，看似坦途，往往路途遥远；另辟蹊径，看似离经叛道，往往是通衢捷径。

法国作家司汤达说过：“一个具有天才的禀赋的人，绝不会遵循常人的思维途径。”唯有敢于推陈出新，另辟蹊径，才能让你与众不同，闯出属于自己的一片天。

眼界决定境界

借中美文化交流月契机，几个美国人想拍一部关于中国农村题材的纪录片。他们选择中国西部地区，这里受到现代文明的浸染较少，民风淳朴，地貌和生活方式都保留农耕时代的原貌。

带着拍摄计划，肩扛拍摄工具，沿着小河，他们来到这个偏僻的小村庄。村庄四周被绵延秀丽的大山环绕，山上古树苍天、郁郁葱葱，山涧溪水淙淙、空气清新；山下是一片片地毯似的农田，田边卧着一弯碧绿的荷塘。此情此景，让手中的“长枪短炮”，忍不住一通“扫射”。一边拍，一边还在赞叹：“这景色真是太美了。”

一路上，村民脸上挂着一份纯朴和憨厚。和他们打招呼，展现出热情好客的一面：一碗水或一些小点心，缓解口渴难耐和一时饥饿。不远处有片茶园，姑娘们正在采茶，芊芊玉指拨弄着新出芽的嫩绿，看着就让人心醉。农田里，年轻男女们一边挥舞手中的农具，一边唱着动人的山歌。几个美国人录下他们的歌声，还采访了几个年轻人，顿觉不虚此行。

听当地人说，山上有一片果林。正值收获季节，他们顺着村民指点的方向，行走在崎岖山路上。一小时后来到果园，只见树上挂满柿子。采摘柿子的过程一定很有趣，何不用来作为纪录片素材？他们找到果园的主人，一位五十开外的中年人。他们提出要买 300

斤柿子，每斤一元钱。柿子要当场采摘，还要同意他们拍摄采摘过程。每年秋季，果农采摘下来的果实，通常卖到镇上的果品收购站，一公斤才五毛钱。能以这个价格成交，中年人脸上自然喜笑颜开。

果农让几个美国人稍等片刻，说要去找几个帮手。过了一个多小时，果农身后跟着几个二十出头的小伙子。果农取出摘柿子的工具，而小伙子们在他指挥下爬上树。他们配合默契，树上的小伙子用绑有弯钩的长竿拧下柿子，而树下的果农负责把柿子装进竹筐里。几个美国人用摄像机记录这个有趣的场景。镜头中，中年人和小伙子们身形矫健，红红的柿子在空中画出优美弧线。忙活将近两个小时，框里堆堆满柿子。果农和小伙子们累得满头大汗，汗水将湿透身上的衣衫。

美国人将四张百元大钞递到果农手中。果农看多给了一百，赶忙把多余的钱还给美国人。对方却说："这一百元是给你和小伙子们的小费。"果农根本不知"小费"为何物，执意要还多给的钱。美国人感慨这里民风之淳朴，收拾好东西准备离开。

"喂，你们的柿子不要了吗？"果农冲着美国人大喊。美国人乐呵呵地说："我们已经吃过了，这些柿子留给你们吃吧。"几个人离开后，果农对小伙子们嘀咕："难道这几个外国人脑子有问题？怎么付了钱，却不要东西呢？"小伙子也赞同果农的观点，说大爷你今天运气真好，竟然遇到这样愚蠢的人。

后来，外国人又拍摄了几户人家，采访了不少普通人，完工后满意回国。

精明的美国人，怎么会吃亏呢？买下柿子只值300元人民币，而拍摄完成的纪录片，能带来巨大的经济效益。除此之外，观看采摘柿子的过程，更是视觉上的享受，会带来心灵上的愉悦。

一个人的境界，取决于所拥有的眼界。眼界并不等同于经历，而是心里装着什么。当然，丰富的阅历会让眼界开阔，决不是决定作用。身边不乏经常游山涉水之人，也不乏经历丰富之人，但其眼界未必比其他人高多少。只有用心去体悟每处的景致，用心思考每段经历，才能让眼界有所改变，有所宽阔。

果农一辈子没有走出村庄，眼界难免狭隘。从他的角度来说，无论如何也理解不了美国人的举动。只有站在更高处，才不会像井底之蛙，片面看待外面的世界。

我们很平凡、很普通，并不妨碍具有更高的眼界、拥有一颗高贵的灵魂。给自己一份期待、一份希望、一份坚持，人生就会有高度，就不会让只有一次的生命苍白无力。

自我推销，
需要来点绝的

谈自己，始终是个头疼的问题。不说，才华被埋没；说得不好，别人会认为你在卖弄。真是左右为难、步步惊心！

因此，推销自我是门技术活，需要来点绝的。

唐代诗人陈子昂的成名之路并非一帆风顺，从老家四川来到长安，整整十年过去，依旧默默无闻。

有一天，一位老人在长安街口出售胡琴，要价两百两银子。陈大少出现了，提着一只装着 200 两纹银的布袋，递到卖琴人手中。他对着围观者说："我叫陈子昂，从小精通胡琴。今得胡琴一把，愿意为大家免费弹奏一曲。三日后是黄道吉日，还请大家赏脸听在下演奏。"

三天后，陈子昂把胡琴摆在地上，旁边还有一摞书册。他说："我琴艺虽精，但比起我的诗文却差远了。现有雄文百卷，寻求知音，不信可以拿一本回家去看。"说着，陈子昂将胡琴高高举起，重重摔碎在地上。

陈子昂的作品集，很快散发完毕。京兆司功王适读完后，惊叹"此人必为海内文宗"。不久，他的盛名传到武则天耳中，被召入朝廷为官，一直做到拾遗之职。

陈子昂用摔琴的方式，为自己做了一次广告。还有人更绝，竟用谣言引起皇帝注意。

汉武帝刚即位就下诏，广纳天下贤才，当时有上千人应征。这些人的上书中，多半议论国家大事，直白地说自己很有才。而东方朔的上书，带着戏谑和诙谐，先是说自己怎么身材高大、五官端正，怎么勇敢灵活、正派守信，最后傻乎乎地说："像我这样的人，真该当皇上的大臣。"这份上书与众不同，为东方朔赢得待诏公车的职位。

东方朔虽被留在长安，但薪水很少，还见不着皇帝。他耐不住寂寞，眼珠一转，"鬼点子"又来了。

当时皇宫里有一批养马的侏儒。东力朔找到他们，郑重地说："皇上曾亲口对我说，你们这些人一不能种田，二不能治国，三不能打仗，对国家毫无用处，准备找个借口把你们全杀了。"侏儒们急问破解之策，东方朔又说："皇上要是来了，赶快去磕头求饶。"不久，汉武帝路过马厩，侏儒们都嚎啕痛哭，跪在地上连连磕头。汉武帝觉得奇怪，问他们干什么？侏儒们答道："东方朔说您要杀了我们。"汉武帝把东方朔叫来，责问他为什么吓唬侏儒。东方朔说："侏儒身高不过三尺多，每月有一袋粮食，二百四十钱。我东方朔身长九尺多，也只有一袋粮食、二百四十钱。侏儒们会撑死，我却会饿死。皇上要觉得我不行，就放我回家，别留着我在这里吃白饭。"武帝听了哈哈大笑，授予他待诏金马门（待诏金马门比待诏公车地位高）。

相比前面两位，裴略仗着初生牛犊不怕虎，直闯相府，最终赢得宰相温彦博的认可。

这一年，裴略参加兵部主持的武官考试，结果名落孙山。气恼之极，他想去找宰相温彦博申诉。来到相府，正巧兵部尚书杜如晦也在。裴略彬彬有礼地对温、杜二人说："我在宫中干了几年，觉得自己明辨事理、记忆力极好，能一字不漏地复述别人的话。做个通事舍人，我相信是称职的。"

温彦博问他究竟有何才能？裴略说自己会写诗作赋，温彦博指了指屋内的屏风，让他赋诗一首。

裴略缓缓走到屏风前，口中吟道："高下八九尺，东西六七步。突兀当庭坐，几许遮贤路。"此后的言行让温彦博更加吃惊。他突然亮开嗓门说："当今圣皇在上，大敞四门以迎天下士人，君是何人，竟在此妨贤？"话音刚落，双手一用力，将屏风推倒在地。这番话，表面上说是屏风挡道，实际暗示当权者不识人才，堵塞贤路。裴略说话时，吐字清晰、语调铿锵。

温彦博笑着对杜如晦说：你听出来没有？年轻人的弦外之音，是讽刺我温彦博哩！"杜如晦接口："不但刺膊（博），还刺肚（杜）呢！"

没过几天，裴略被朝廷授予陪戎校尉，这是武职中第30阶，一个从九品的小官。官职虽小，但裴略毕竟正式进入仕途。

陈子昂"摔琴"、东方朔造谣、裴略的直爽，他们都拿出绝招，这才"通关成功"。自我推销，看似很难、很无解，不过首先不能丢了勇气。说了不一定成功，但不说一定不成功。勇气，再加剑走偏锋，会让伯乐发现你是一匹千里马。

PART II

不惜一切，守住梦想的阵地

梦想，一个美好的词语。为梦想而执着，让现实走近梦想，这样的人值得尊敬。梦想的巅峰，等着每个人。“高山仰止，景行行止。虽不能至，然心向往之。”享受攀登“梦想山峰”的过程。不惜一切，守住梦想的阵地，用青春的豪情，书写最华美的乐章。

把诱惑赶走

身披红色绶带，面带微笑步入钓鱼台国宾馆。“没听错吧，你什么时候成了国宾？”同学好奇地问。

“别打岔，我不是在全国征文大奖赛上获了金奖吗？组委会邀请我去北京领奖。怎么样，羡慕嫉妒恨吧。”我摆出一副洋洋得意。

“好了，我不插话了，你说下去。”

领奖大会现场，老、中、青三代人济济一堂。能和这么多爱好文字的人相聚，是一种缘分，也是一份宝贵经历。主持人开始宣读获奖名单，我战战兢兢来到主席台旁。接过大红的荣誉证书和金灿灿的奖杯，双手微微有些颤抖。

“祝贺你，年轻人。以后再接再厉，希望看到你更多优秀作品。”颁奖嘉宾和蔼地说。

他是大名鼎鼎的作家阿来，茅盾文学奖史上最年轻获奖者。尽管没有读过他的作品，大名却如雷贯耳。能与大师近距离接触，这次来北京真可谓不虚此行。

颁奖大会后，主办方还举办一场盛大的晚宴。当然不会放过当面请教大师的机会，直接黏上给我颁奖的阿来。

西藏，众人眼中圣洁的土地，带着一份神秘感。我们的谈话，就从这片雪域高原开始。

记忆中，以西藏为背景的长篇小说并不多。阿来的代表作——长篇小说《尘埃落定》，就是其中的杰出代表。正是凭借这部著作，他斩获闻名遐迩的茅盾文学奖。获此殊荣后，阿来没有停下创作脚步。经过三年苦炼，新作《格萨尔王》终于呈现在世人面前。这部作品以《格萨尔王传》为故事蓝本，讲述藏族历史上英雄格萨尔王的传奇一生。很多书评家这样评论：通过阅读这部作品，可以真切感知西藏传统文化独有的魅力。宏大的叙事场景和细致的心理刻画交相辉映，宛若演奏一曲气势恢宏的交响曲，让每个读者深深沉醉其间。

小说刚一问世，央视"百家讲坛"栏目组就与阿来取得联系，请他以这部小说的创作历程和内容，开设一个专题讲座。接到邀请函，阿来心潮澎湃。很多人眼中，西藏有高耸入云的雪山、有无比虔诚的信徒、还有诸多文物古迹。除此之外，人们对于西藏历史及人文情况所知甚微。能借助大众传媒，向公众描绘和勾勒一个真实的、有文化内涵的西藏，一直是阿来内心的夙愿。如今，"百家讲坛"就提供这个机会。他怎会不高兴？

尽管对于西藏的历史人文熟烂于心，阿来依然为讲课做着精心准备。熬了几个通宵，他写出一份有思想深度的讲稿。按照栏目组要求，阿来将讲稿发过去让编辑审核。一连几天风平浪静，阿来认为讲稿没什么问题。正当他准备带着讲稿去录制现场试讲，栏目组突然来电，要求他修改。对方说这份讲稿理论性太强，听上去过于严肃，最好能用故事形式娓娓道来。阿来有些不理解，百家讲坛的工作人员解释道，任何电视栏目首先要考虑收视率，要迎合观众口味。理论性太强的讲课，大多数观众不太愿意看。阿来据理力争，希望保留核心内容。就这个问题，双方谁也不肯让步。最终，阿来放弃登上“百家讲坛”的机会。

说到这里，阿来显得很镇定，似乎没有惋惜之情。

能上百家讲坛，是多少学者和知识分子心中的梦想。“百家讲坛”较高的收视率，可以为学者带来丰厚的经济收益，同时会声名远播。很多耳熟能详的学术明星，就是从百家讲坛起步。如果阿来有所妥协，不必固执于所谓的原则，“百家讲坛”一定会接纳他。有了“触电”的经历，他的知名度可以进一步提升，新作也将是皇帝的女儿不愁嫁。这种名利双收，对于任何人都是巨大的诱惑。

可阿来不是普通人。他选择拒绝，选择放弃，不会为名利放弃心中最重要的东西。

单凭这一点，就足以让我和所有人肃然起敬。

写作《格萨尔王传》，阿来付出的实在太多。很多年前，他就开始搜集文献材料，在泛黄的故纸堆中寻找有价值的信息；为了不被某些含糊的历史记载蒙蔽，他多次深入西藏做实地考察，亲眼见证历史留下来的痕迹。考察中，他曾经历生死考验。怀着对藏族历史满腔的热爱撰写这部作品，其中凝聚着数不清的心血。这篇小说，已不仅仅是一部文学作品，在他眼里，俨然就是他的儿子，像身上掉下来的一块肉。所以，容不得它受到半点伤害。

有时候，说“不”需要极大的勇气和魄力。不过为了心中的理想与信仰，这点损失不算什么。阿来把诱惑赶走，让我感受到一个伟大的灵魂。

回到家，我立刻在京东下单，买下一本珍藏版的《格萨尔王传》。这部蕴含着藏传文化的经典，叙述着这片土地的神奇故事，一定会让我的人生境界再上一个台阶。

昏黄的灯光下，我的心跳与书中人物的命运同步……

梦想，
不会嫌弃你是否卑微

书，是我的命根子。家里藏书越来越多，卧室、客厅、厨房、地上、桌上、床上……只要有点“土壤”，书籍就会生根发芽。房间搞得一片狼藉，少不了挨老妈一顿痛批。

置老妈的“最后通牒”于不顾，我依旧在买书的“泥潭”中越陷越深。至于亲爱的老妈，好言安抚几句，再帮她做点家务，就不会再和我计较。

言归正传。每年最期盼的日子，不是春节、不是节假日，而是一年一度的书展。全国各地的出版社，拿出压箱底的“宝贝”，为爱书人送来酷暑中的清凉。能读到这么多优质图书，能参加这么多场文化活动，能和仰慕已久的大师和作家近距离接触，真是件美妙的事。

暂且不提这些。相信逛过书展的人，都会有此番经历。让我记忆最深刻的，却是那位身处底层、却嗜书如命的人。

那是我第一次来到书展。一圈逛下来，手中已经抱了厚厚一摞书。走累了，想找个地方歇歇。那边报告会刚散场，空出一些座位，我赶快去填补这个空档。坐下没多久，才意识到腹中饥饿。那时囊中羞涩，不舍得去买快餐。取出几个干面包，准备草草对付这顿午餐。

我确实饿了，即使干面包不好吃，也狼吞虎咽，吃得嘴上都是面包屑。一个男人的声音出现在耳畔：“小伙子，旁边座位有人吗？”

我抬头一看，原来是一对父子，父亲看上去三十出头，孩子不过五六岁模样。我把放在旁边座位上的几本书拿开，那个孩子立刻一屁股坐到上面，冲我做了个鬼脸。

孩子的天真，还是很讨热喜爱。

无意中看到男人手中拿的书，都是我喜爱作家的经典作品。我试探性地问："你是不是也喜欢文学？"

对方也看到我手中的"战利品"，两个文学爱好者找到共同点。我们越聊越投机，有种相见恨晚的感觉。

对文学的讨论暂告段落，又扯到各自生活。我告诉他，自己还是在读大学生，他眼睛里立刻闪现出羡慕。他告诉我，自己是建筑工人，没有接受过高等教育。

我用惊讶的眼神看着他："你是建筑工人？还真看不出来。"

他平静地说："其实，我从小就喜欢看书，学习成绩也很优秀。但家里条件不好，为了帮父母减轻负担，高中毕业后跟着叔叔来到城市打工。因为没机会接受大学教育，所以我对大学生很羡慕。"

我问他，是不是工作后，依然没放弃对书的热爱？他用力点点头，说自己对书可谓一往情深。不过，由于工作繁重，每天回到宿舍时已是疲惫不堪，真想好好睡上一觉。这时，两个"自我"在心里翻江倒海，一个鼓励他懒惰，一个鞭策他奋进。最终，后者战胜前者。昏暗的灯光下，总有他挑灯夜读的身影。

他每月收入不多，有时候看到一本好书，由于囊中羞涩，只好忍痛割爱。只要手头凑够了钱，他立刻会将那本书买回来。工作10年，宿舍里堆积了数百本书，他的可支配收入基本上都花在买书上。身边的同事讥讽他，说你一个建筑工人还读什么书，读的再多，能和人家大学生比吗？还不如把钱攒下来寄回家，让老婆孩子高兴高兴？他不理会工友们的嘲笑。读书之余，他还写点小文章，有些作品还在一些刊物上发表了。

我问他："今天怎么想起带孩子来逛书展？"

他语气中肯地说："我带儿子来，主要想让他见识一下场面，也想让他从小就喜欢书。我给他买了一些名人传记，尽管他现在不识字，不过我可以读给他听，借此树立他坚强的意志。"

我又问他："今后有什么打算吗？"

他带着憧憬说，希望去读自考本科。他心中始终有一个大学梦，现在工作日趋稳定，希望让理想照进现实。

我用钦佩的眼神看着他。这么困难的环境中，依旧坚持心中的梦想。而我拥有这么优越的环境，还有什么理由不给自己加点码、再努把力呢？

俞敏洪的新书《在绝望中寻找希望》中，给每位逆境中挣扎的人以无尽的信心："无论处于多么卑微的状态，只要有了梦想，就能过上有尊严的生活。"这么多年来，每当我逛书展时，就会想到这位父亲。他就是这句话最好的注解。梦想，不会嫌弃你是否卑微。有梦想的人生，才是有深度、有厚度的人生。

无用之书成就大用

身边同事，个个怀揣硕士、博士的PASS，让我的小本学历“鸭梨山大”。尽管没被人鄙视，潜意识中总有点不是滋味。只好一狠心，拿出几万大洋，报了F大学历史系研究生班。

为什么去读历史呢？这专业太冷门，读出来也没用。好友一开始就泼冷水。

是啊！你该去读MBA，和老板当同学，积累人脉关系，也有利于今后事业发展。这是另一个死党的建议。他读的是中欧工商学院的MBA，前不久跳槽到某企业担任高管，年薪40万元。他和我同一天、同一家医院出生，小时候他学习还不如我。现在可好，一切都倒过来。哎，人比人气死人。

嫉妒归嫉妒，我还是坚持读历史系。我就是喜欢历史，大学就想报这个专业。没想到父母横插一杠，帮我改了志愿。现在经济独立，到了弥补缺憾的时候。

第一堂课，讲的是中国近代史。讲课的是位老教授，带着黑色边框眼镜。他没有做PPT，也没带什么讲义，全凭记忆授课。这堂课，他主要讲述近代史上颇有影响、却也争议颇大的曾国藩。

首先从曾国藩的青少年时期说起。那时，他家里并不宽裕。父亲卖掉几亩田地，也要把几个孩子都送进私塾。那个时代，读书出仕是一条正道。

这天放学，父亲递给曾国藩厚厚几大本著作。一看书名，《二十二史札记》，似乎和科举考试不沾边。传统儒家教育中，四书五经是必修课，诸如史学、文学等其他书籍，一概被认为是闲书。父亲郑重地说，虽然对学业帮助不大，但书里藏着为人处世的道理。不要走马观花阅读，要把每个字的意思吃透。

这本书真有这样的“魔力”？他带着好奇把书翻开。这是一部史书，朝代兴衰更迭、英雄人物起起伏伏，透过字里行间呈现在眼前。除了大量史料，每一段后面还有作者的评述。纷繁复杂的历史事件，经过著者一点拨，就能从中悟出很多道理。他越读越入迷，明白了父亲的苦心。

他定下每天阅读十页书的目标。每读完一段，就会写下体会和阅读笔记。很多时候，笔记比原文内容还要多上好几倍。

暖意融融的春日下午，好友从百里外来他家做客。这年秋天，是三年一次的乡试。朋友这次来找他，希望和他结伴去考试，途中也好有个照应。为了这次考试，朋友多年来寒窗苦读，就连外出，随身也携带四书集注等“教辅用书”。

“什么？你还读这种书？马上要参加‘秋闱’，你这样不怕落榜吗？”朋友看到书桌上，摆放着《二十二史札记》，发出上面的惊叹。他坦然地说：“没错，我就是要看这些闲书。至于科举考试，只要尽力就行。”

复习迎考的岁月中，他留出大块时间给《二十二史札记》。他的生命中，已经离不开这部书。几个月后，和朋友踏上科举考试的征程。考试结果公布，朋友高中，而他却没有上榜。

三年后，第二次参加乡试，一篇策论在笔下一挥而就，纵横捭阖、博古通今，深深打动主考官。他摘下解元的功名。此后，他一发不可收拾，道光十八年（1838）中进士，入翰林院，为军机大臣穆彰阿门生。太平天国运动时，他组建湘军，力挽狂澜，经过多年鏖战后攻灭太平天国。他官至两江总督、直隶总督、武英殿大学士，封一等毅勇侯，谥曰文正。

曾国藩取得如此成就，很大程度上在于对史书的认真研读。那本《二十二史札记》，他花了十多年时间才读完，做了几百万字的读书笔记。他以史为师，在为人、处世、交际、带兵、治国、理政等方面都胜人一筹。再加上历史的因缘际会，他终“以中人之姿，成就非凡之功”。

数天后，几个密友在微信群内争论：读书是否还有用？大部分人信誓旦旦地说，现在读书不像以前那么有用。没看到学历在贬值吗？随便什么招聘会，博士生一走廊，硕士生一礼堂，本科生一操场。我抖出曾国藩这个事例，尽管依旧有争论，却更坚定我读好在职研究生的决心。如果放下功利，读书绝不会无用。读书可以提升境界，改变思考问题的方式。很多真知无法从琐碎事务中获得，只有通过读书和不断思考。“读书改变命运”依然没错，只是不像过去立竿见影。另外，关键在于学什么，如果只是为应试学习，那么作用不会很大；如果能将所学知识转化为真知灼见，这样的学习绝对是物有所值。

庄子在《逍遥游》中提出：“无用之用，方为大用。”很多看似没有用的东西，实则暗含一生受益的东西。只有摈弃过于浮躁和功利的心理，安心读些无用之书、行一些无用之事，才能让事业的道路越走越宽。

一辈子，就做好一件事

我不喜欢光顾新潮的美容美发店。每次头发一长，就直冲那家装潢简陋的剃头店。很多同龄人嘲笑我老土：这年头，还去理这种发型？枉你还是年轻人。

我冲他们瞪一眼，去、去、去，我就是愿意，犯得着你们管吗？

真别说，这位剃头师傅的手艺，真是一级棒。

每次剃完头，都会对他夸上几句。他被我说得不好意思，说只学到师父五六成功力。要是见到他师父，一定会大为惊叹。那把剃头刀，被他用活了。

真那么厉害？还真想见见这位高人。不过剃头师傅难过地说，他的师傅靖奎先生，于2014年10月31日，在北京中医医院离世，享年101岁。

不能见到真人，还想知道他传奇的人生经历。就这样，剃头师傅打开了话匣。

17岁那年，靖奎从顺义农村进了北京城。他本想当个账房先生，被好几家商行拒绝。偌大的北京城，他举目无亲，只好在街头露宿。身上的钱很快花光，一连好几天没吃东西。正当他饿得快不行时，一位剃头师傅递给他两只救命的淡馒头。救命恩人和蔼地说：“你愿意学剃头吗？”他想也没想就答应了。后来才知道，救自己的是那一带颇有名气的老师傅。

剃头看上去容易，实际上要很多年“萝卜干饭”。靖奎先从给冬瓜削皮开始练起，这一练就是几个月。这种练习很枯燥，成天面对没有生命力的冬瓜。半年后，师傅才让他给小孩剃头。第一次上手，他有些紧张，双手微微颤抖。这一抖扯到头皮，坐在椅子上的孩子疼得哇哇大哭。一旁家长不干了，冲上来和他理论。他只是个孩子，不知如何应付。好在师傅打圆场，反复说徒弟刚上手，请主顾多见谅。好说歹说，那位家长才气呼呼领着孩子离开。

师傅没有责怪他，让他不要为此事背上包袱。几年后，他的手势越来越熟练，渐渐赶上师傅的手艺。后来师傅老了，因为没有子女，把剃头店交给他。许多人从很远地方慕名而来，甚至有梅兰芳、尚小云这样的艺术大师，也有傅作义、马占山这样的高级官员。他的技艺口口相传，剃头店生意越来越红火，在地安门和清华大学附近各有一间店面，手下有近二十个小伙计。

新中国成立后，公私合营浪潮开始，他的门店被收归国有。他谢绝优厚待遇，回归这行最初状态——每天骑着自行车，穿梭于街巷之间。只要有人招呼，他就停下车为人剃头。他有一个记事本，上面详细记录每位老主顾的理发周期。一般一个月过后，会准时登门。至于收费标准，全凭主顾意愿，基本上只是个象征。岁数上去后，他好几次骑车摔倒在路上。家人限制他外出，可他不愿意放弃剃头。每次拿起剃头工具，整个世界仿佛在他眼前消失。他最精湛的是刀功，手势和力道掌握得刚好。守着老派的手艺，他并不抵触新生事物，对后辈也尽是宽容。他总是鼓励自徒弟推陈出新，让这门最为古老的技艺焕发新的光彩。

2005 年，电影《剃头匠》的导演组找到他，希望由他出演剧中的男主角。他是个低调的人，不愿意张扬。导演好几次登门拜访，经过诚恳地游说他才同意。来到拍摄现场，靖奎表现得一丝不苟。整部影片平实、俭朴，表现出原汁原味的老北京风情，上映后得到取得很好的反响，很多专业影片人给出评价：“片子的生活气息扑面而来”。

2011 年，东北人张德禄三次登门，终于成了靖奎的关门弟子。他把自己毕生的经验，都传给这个东北汉子。

临走前一天，靖奎不断吵着要回家，子女只好同意他的请求。辞世那一刻，他手中还握着那把带着斑斑锈迹的剃头刀……

说到这里，这位剃头师傅有些哽咽了。他感恩师傅将手艺倾囊相授，更感激师傅在自己困难时不断接济自己。他说要是没有师父，或许他早已不在人世。

一个老人伟岸的形象，赫然出现在眼前。

他并没有什么宏大的梦想。80 多年里，只是用心做好剃头这件事。一个人的时间和精力有限，能利用有限的时间和精力做好一件事，同样能赢得众人尊重。

一个人，一辈子，只做好一件事。看似简单，实则很难。不要被周围的花花世界扰乱前行脚步，紧盯着前方的目标，你终有登顶的那一天。

永恒的春天在他心中

春天来了，一缕缕微风吹在脸上。这是大地复苏的季节，千千万万的小生命，正洋洋得意地伸着懒腰，舒展休息了整个冬季的身体，迫不及待地探出小脑袋。春姑娘翻过高山，越过大海，悄悄驾临人间。

每到这个季节，全家人出动，来到野外，踏青赏花，感受春的气息。记得有一次，我和父母来到七宝古镇。古镇上有条老街，人多的前胸贴后背，各种小吃应有尽有。作为吃货，当然不会放过享用美食的机会。小笼、汤圆、老鸭粉丝汤、排骨年糕、海棠糕、豆腐衣包肉……一直吃到水漫金山、饱嗝一个接着一个，才恋恋不舍地离开饭桌。不远处有座小公园，满园青翠欲滴、色彩斑斓，决定去那里逛逛，以消腹中饱胀。

公园内人很多，有放风筝的、有躺在帐篷里的、有吃着东西的。身后的草坪上，有位三四岁的小男孩，步履蹒跚地追逐着一只花蝴蝶。一对年轻的小夫妻紧随其后，看来，他们也是一家人外出踏青。孩子眼中，没有什么不是美好的。他挥舞着肉鼓鼓的小手、红扑扑的脸蛋上挂满笑容，毫无保留地展示着童真。眼前的景象，让我想起另一个小男孩，我和他在书中相遇。

他叫小阿贵，生下来就与黑暗结缘。他的世界里只有黑色，没有其他色泽。在他记忆中，根本没有春天的概念。他并不介意，可能是年龄小不懂事的缘故。直到那次被奚落，才意识到自己与其他人不同。

阿福是村里有名的调皮鬼，常拿阿贵寻开心。那天在阿贵家门口，阿福拖着鼻涕对阿贵说："你知道春天是什么样子吗？"阿贵摇了摇小脑袋。"你知道牡丹花有多少花瓣吗？"阿贵还是摇头。"那你知道春天是什么颜色吗？"阿贵哭了，这些问题他都答不上来。阿福哈哈大笑："哦，我忘了你是瞎子。哈哈，你看不到东西，怎么会知道这些？"一边说，一边摇头晃脑地离开。

晚上，母亲从田里耕作回来。阿贵父亲死得早，他和母亲相依为命。为了照顾这个孩子，母亲一直没有改嫁。阿贵问母亲，为什么自己看不到这些？母亲只好告诉他实情。他跺着脚说，我要知道春天是什么模样，再也不想做瞎子了。

母亲心如刀割，阿贵根本没有复明的希望。她强忍内心伤痛，耐心听完阿贵的哭诉。等阿贵讲完，她并没有安慰他，而是很坚定地对他说："你看不见这些东西，可你有双手、有双脚、有健全的大脑，还有一颗明净的心。你有这么多东西，完全可以去了解春天、感受春天。我认为你一点也不比别人差，明白吗？"

阿贵安静下来，不再哭闹。母亲把自己看到的春色，一五一十告诉他。从此，阿贵的心灵画布中，画上了湛蓝的天空、自由飞翔的小鸟、碧绿的田野、潺潺的小河、绚烂多彩的花朵……

生机盎然的春天，永远定格在他的心灵上。他对人生多了一份期盼、一份梦想。他看不见，依然可以去追逐、品味美好的事物。生命不再是一种折磨，而变成一种享受。上盲校后，他学习刻苦勤奋，成绩一直名列前茅，还乐于助人、尊敬长辈。成人后又学习按摩技术，开了一家按摩中心。用真心对待每一位顾客，很多客人来了第一次，就有了第二次、第三次，甚至还推荐亲朋好友光顾。经过几年发展，他有了几家连锁店，可以说小有成就。

不过这些成就他并不在意。因为在他心中，只有那抹春色是最圣洁的、最高贵、最华美的。多年来，他始终守着这份精神寄托。

这一年冬天，天特别冷。阿贵的按摩店里，来了一位特殊的客人。他就是曾经嘲笑过阿贵的阿福，他在生意场上失意，整个人灰头土脸，想做点按摩舒缓一下情绪。

看到阿贵的那一刻，他一下子愣住了，很尴尬地打了声招呼。拉了几句家常，阿贵问他："现在鲜花是什么样子？有多少花瓣？""天冷，花儿都凋谢了。""大地呢？""没有绿色，早已是一片枯萎。""那天是什么颜色呢？"阿福重重叹了口气："灰蒙蒙的，还在飘雪呢。"

阿贵却说："可我心中的天空，永远是蓝色的，大地永远是一片油绿，花儿永远开得那么艳丽。春天，永远住在我心中。"

阿福惭愧地低下头，她被阿贵的信念所感动、所震撼。

似乎又回到眼前，我和草坪上追逐蝴蝶的小男孩父母攀谈起来。原来，这孩子患有先天性心脏病。不过，父母已经希望在他有限的生命中，留下更多美好的片段。

此时，正陷入人生的低谷。很想放弃心中的梦想，至少不会如此痛苦。不过，我却愿意继续背负这份痛苦。在我眼里，带着梦想起飞，再苦再累，都要扛下去。只要心中装着春天，就不会有人生的寒冬。

足尖上的青春

表妹发来微信，说周末有演出，让我有空去捧场。

最近很忙，周末要加班。不过表妹有演出，做表哥怎么能让她失望？和几个客户联系，用极其婉转的语气说明歉意。幸好以前积累不少人缘，客户们对我还算宽容。

搞定工作的事，马上给表妹回信息：思思，哥一定去。

表妹的回复也很简单：我要排练了，回聊，然后是坏笑的表情。这丫头，古灵精怪的。

表妹是他们大学舞蹈团的大明星，每次重大演出，她都是领舞。聚光灯下，表妹婀娜的舞姿，引得他们学校的男生为之癫狂。她每天都会收到爱意，不过就像只孤傲的白天鹅，不留情面地拒绝。至今，她还没有男朋友。

暂且不表表妹的终身大事。进了剧场才知道，原来是本市大学生红色经典诵读比赛。诵读大赛，和她们舞蹈团有什么关系。

人群中，我看到表妹，她穿着红色的演出服，像一团燃烧的火焰。冲她打招呼，没看见。她正和队友们，交流着什么。算了，不去打扰她了。

比赛正式开始，朗诵者抑扬顿挫的语音语调，将一首首红色经典演绎的很丰满。主持人报幕，轮到表妹所在学校登场。除了那位朗诵者，还多了十多位舞者。原来，表妹是为朗诵者伴舞。

让我担心的，是隆冬时节，表妹和其他舞蹈队员都光着脚上场。室内开着热空调，但穿着羽绒服，依然不感觉热。光脚表演，会不会着凉。心中不禁为表妹捏把汗。

音乐响起，朗诵者开始深情演绎。作为伴舞，表妹依旧保持着最初的姿态，纹丝不动，脸上带着淡淡的笑容。摄像机始终对准参赛者，观众们的目光也忽视这些伴舞演员们。可是表妹没有丝毫懈怠，依然将最好的一面展示给评委和观众。

朗诵暂时停止，舞蹈演员们终于有了表现机会。几个高难度的劈叉、空翻和托举，展示出他们扎实的舞蹈基本功。不过表演只持续一分多钟，随着朗诵者吐出洪亮的字符，舞蹈演员们迅速地被“定格”在原地，摆出非常漂亮的造型。

尾声阶段，伴舞者再次在舞台上轻盈舞动。女生们踮起脚尖，展示女性的阴柔之美；男生们连续空翻、大幅度的跳跃，展露男性的阳刚之美。表演结束后，表妹迅速换上雪地靴和厚实冬衣，双手不停搓揉着，可见现场温度何等之低！所有节目表演完毕，主持人宣读获奖名单。表妹伴舞的这个诗朗诵获得一等奖，虽然这份荣誉属于朗诵者个人，但喜悦之情依然溢在表妹脸上。

“哥，我今天还算出彩吧。”表妹蹦蹦跳跳地过来。

“你当然是最棒的，甚至那个朗诵者也没有你那么光彩夺目。”我递给她一杯逸散着香味和热气的珍珠奶茶。

“哥，你越来越会吹捧人了。看来，你离找到女朋友不会太久远了。”这死丫头，净往伤口上撒盐。

我不去计较这些，谁让她是我的表妹。不过，还是对她刚才光脚表演很关切。

“这算什么，我们经常这么干。跳舞嘛，就是要付出辛劳。要不要听我们参加全国大学生艺术展演的经历？”

我喜欢写作，当然不肯放过这个积累素材的机会。

舞蹈团的成员，来自全校各专业，很多人以前都没有舞蹈基础。只是带着对舞蹈的热爱，这才聚集到一起。舞蹈团成立时间不长，但在各类比赛中，作品却屡有斩获。外表光鲜的背后，是汗水甚至血水。很多个日日夜夜，他们不知疲倦地排练。他们是一群追求完美的人，一个简单的动作会重复很多遍。

去年，为参加全国大学生艺术展演，他们特地排演一个新舞蹈，反映革命先烈浴血奋斗的场景。一个月中，几乎每天排练到深夜。周末，训练时间甚至超过10小时。几乎所有人因超负荷训练，脚底起泡、脱皮，身上淤青不可胜数。

表妹是领舞，受伤情况最为严重。舞蹈中，有一段被“敌人”严刑拷打、非人折磨的片段。为增加表演真实感，每次她会被表演“敌人”的男生弄伤。男生们不好意思，连连道歉。表妹却很大度，表示这点小伤不算什么。排练前，她用纱布把脚缠好几遍，还是无法阻止脚底起泡感染……

最终，表妹举起了团员们梦寐以求的金杯。这些为梦想而执着的人，配得上这份殊荣。由于不是舞蹈专业的学生，表妹终将有离开舞台的一天。可是，她没有放弃追梦的执着。这段舞蹈团的经历，一定是她人生中最为值得珍藏的财富。

表妹脱下雪地靴，脚上一道道伤疤，显得那么刺眼。不过，这却是我见过的最美的一双脚。它凝聚着梦想，凝聚着为梦想坚守到最后一刻的决心。

梦想，一个美好的词语，让每个拥有它的人迸发出不竭动力。我们都曾有过梦想，只是岁月流逝，很多人屈从眼前的现实。为梦想而执着，让现实走近梦想，这样的人值得我们尊敬。

梦想的巅峰，等着每个人。“高山仰止，景行行止。虽不能至，然心向往之。”或许，很多人无法在有生之年见证登顶的那一刻，却依旧享受攀登的过程。为梦想而执着，我会用青春的豪情，书写属于我的华美乐章。

PART 12

做个瞄准机遇的狙击手

“黑夜给了我一双黑色的眼睛，我却用它来寻找光明。”愿每个人都有一双慧眼，善于发现人生中的机遇与希望。当机遇出现在面前时，请放慢脚步、弯腰将它捡起。别管周围人的评价和异样的目光，让未来的成功回击一切蔑视和流言。

推开那扇虚掩的门

我的家庭条件不是很好。上小学时，母亲就下岗待业，家里生活全靠父亲一人，还要供我上学，生活质量可想而知。

下岗后的母亲，不满足在家里做好一日三餐。一次外出闲逛，她在公园门口，看到一位阿姨摆个地摊，卖些小玩意儿。她就在边上看，看阿姨如何做生意。直到阿姨收摊，母亲才感到身上有些冷，一看已是下午五点。

有了这次实地考察，母亲觉得自己可以做点什么，帮父亲分担点经济负担。她打听小商品批发市场，从地摊生意做起。后经人介绍，他到私人老板那里做营业员，卖过棉布、服装、文体用品和建筑材料等等。前前后后干过的地方，足足有六十多处。积累了足够的工作经验，母亲和父亲看了一家卖服装的小店面。自此，家里生活虽谈不上富裕，却有了明显改观。

“真要感谢那次看别人摆地摊，否则还不知道有做生意的潜能呢。”母亲一直在我耳边唠叨这句话。

人生道路漫长，总会遇到各种意想不到的因素。应该像我母亲那样，主动去尝试。或许机遇的大门只是虚掩着，只要轻轻一推，就能见到光明。

国外某家电企业老总别出心裁，告诉全体员工不要进入他办公室旁的房间。绝大多数员工不敢越雷池一步，在这间神秘房间旁绕道而过。有个小伙子对这个秘密很好奇，斗胆推开房间的大门。大门只是虚掩着，不费吹灰之力就进去了。房间内除了一张桌子，几乎空无一物。桌子上放着一张纸，上面写着“请把这张纸交给董事长”。将其交给董事长后，当众宣布任命他为销售总监。本来，按照小伙子的资历，至少要熬上很多年才能做到这个职位。董事长的眼光果然独到，小伙子上任后，销售部各项业绩上了一个台阶，市场份额在同行业内跃居第一。又过了几年，小伙子进入董事会，成为公司决策层的一员。

我佩服故事中的小伙子，勇气让他获取令人羡慕的成功。董事长的抉择看似无厘头，其实也在情理中，让敢为人先者担任销售部门负责人，一定会带领手下团队，以拓荒者的精神在竞争激烈的市场中搏杀。变幻莫测的市场中，任何固步自封、墨守陈规都可能被“out”。过去的业绩早已黯然失色，只有全力以赴寻找新的增长点，新的辉煌与传奇才能被书写。

不光在生产经营领域，其实生活中也需要开拓创新的精神。后面的人生道路充满着不确定性，既有可遇而不可求的机遇，也有需要全力应对的挑战。生性懦弱的人，只看到未来人生中的挑战，无视蕴藏于其间的机遇。这道虚掩着的门，让他们无奈地原路返回。但凡生活中的强者，有勇气和信心去探究门后的未知空间。也许是上天眷顾，也许是自身努力的结果，后面的道路反而很平坦。他们最终登上顶峰，享受着他人羡慕的目光。

当然，上面所说的只是一种比较理想的状况，推开虚掩的门之后，仍需要保持十分的警惕，随时应对可能出现的变局。周围可能会产生不同程度的干扰和不和谐的音符：有人会对你嗤之以鼻，有人会对你心存嫉妒，有人会用实际行动制约你前行。不要害怕这些！只要你想有所作为，这些一定会出现的。这时，你就像正在蜕壳的昆虫，处在极易受到伤害的脆弱期。当然，这个时期不会很长。挺过去，身上又披上一层厚厚的盔甲，足以抵挡过去难以想象的困境。你要感谢这些干扰和阻碍，它们对你是种历练。

推开虚掩的门，除了那份勇气外，更多的是对抓住机遇的自信。正因为有门挡着，存在着困难和障碍，无形中会减少你的对手。既然这样，为什么不向前一步，做第一个吃螃蟹的人呢？

面对人生中一扇扇虚掩的门，用你的勇气和自信去征服它吧！推开之后，你会发现一个崭新的世界，或是美好、或是苦痛，不要有任何的悔恨与懊恼，沿着你选定的道路，坚定地、充满自信地一路前行。

别让机会从身边溜走，请推开那扇虚掩的门。

藏在城市中的袖珍农场

早上刚起床，总看到对面屋顶有人在忙碌。难道是在修缮房屋？不对呀，房屋每隔几年才大修，没必要经常去打理。终于看清他的面孔，原来是对面顶楼的住户。

带着好奇，敲开他的家门。他很热情，说要带我去看专属于他的袖珍农场。

上了屋顶，只见大约四平米地方，种上绿油油的蔬菜。邻居乐呵呵地说："经过朋友介绍，我搞到这套鱼菜共生系统。这里是我的'私人农场'，虽然忙碌一点，但能吃到自己培育的、纯天然无公害的果蔬和鲜鱼，心里还是忒舒坦。"

食品安全，关乎每个人的身体健康。我总是为蔬菜农药残留、活鱼体内含有激素等问题头疼。有这样的"袖珍农场"，这些隐忧就能迎刃而解。

邻居给了我这套系统研发者的联系方式。他叫杨辉，四十岁还不到。他花了几年时间，让都市人心中的梦想变成现实。由于长时间坐在电脑边工作，又要熬夜加班，杨辉两眼酸涩肿痛，并伴有头晕、恶心、胸闷等症状。去医院检查后，被确诊为"电脑综合症"。要改善症状，最有效的办法是多看绿色植物。都市人都渴望亲近自然，可他还年轻，要为今后的日子打拼。现在放下手头工作，显然不切实际。

在妻子提议下，2009年夏天，杨辉在自家屋顶上培土、种菜、浇水。不过麻烦也来了，溢出的泥土堵塞下水道。邻居的抗议声，让他不得不暂时放下“农场梦”。

几个月后，公司组织员工出国旅行。参观美国加州的庭院种植试验基地时，有种鱼菜共生系统引起杨辉的关注。该系统在封闭的无土环境中，建立鱼、蔬菜、微生物的循环链。养鱼的水中含有鱼类粪便，为植物提供营养，植物则净化鱼类的生存环境：鱼的分泌物偏弱酸，可抑制菜根系病虫害，菜根分泌出的偏弱碱性物质，能抑制鱼身上的一些病害……相比传统种植，能节约90%的用水量，并且种菜不用施肥喷农药，养鱼也无需换水。

这次参观让杨辉得到灵感，回国后，他发起成立“都市农耕俱乐部”，研发适合中国人的“鱼菜共生”种养殖系统。由于没有欧美家庭那样的后院，杨辉想打造出一种“袖珍农场”，把共生系统浓缩到很小的面积中。

杨辉查阅了大量资料，自己画图、找原材料，不断进行试验。2010年3月，杨辉完成了第一套鱼菜共生系统，送给了一位研发团队的伙伴。一个月后，这项成果却告夭折：没换过水的鱼儿纷纷死亡，未经施肥的绿蔬也渐渐枯黄。照搬国外经验，看来行不通。

杨辉只得从头再来，一年多试验中，不是鱼死菜枯，就是遇到各类设计故障。随着一次次失败，很多团队伙伴纷纷离他而去。失败了20次，就连杨辉本人心里都没谱。不过看到妻子因担心农药残留、把从菜场买来的菜反复清洗，杨辉发誓攻克这个难题，让家人乃至更多人吃到放心菜。

2011年6月，梦寐以求共生系统终于成功问世：4个种植槽下面是一个鱼池，池里养着罗非鱼，池水带着鱼儿的排泄物被抽到旁边的种植槽，瞬间就变成了植物的营养剂；被植物根系净化过的水，又重新放进鱼池。整套系统只占地4平方米，却能满足一家人的吃菜问题。

杨辉为"袖珍农场"申请了专利，并很快与深圳一家公司签订合同，委托对方生产"袖珍农场"产品。杨辉从厂家订制的100台样机，仅仅在几天内售罄。不过，有顾客反映："袖珍农场"售价偏高，产品外观不够漂亮，摆在家里或办公室显得扎眼。为此，杨辉对产品外观进行改进，并降低生产成本。2012年初，改良后的产品推向市场，很快成为"香饽饽"：一年间卖出近3万套，客户遍布全国各地，利润超过了500万元。

经营管理上，杨辉也有独到之处：以便宜的价格卖"硬件"——鱼菜共生设备，然后长期卖"耗材"——根据四季变化，为顾客提供不需要泥土种植的菜种和鱼苗。他还制作了一款手机APP，可用来订购菜籽和鱼苗。这款APP还有社交功能，用户可分享、交流种植经验，丰富了都市人的精神生活。

如今，他不仅拥有大量个人客户，更有白云机场、全球通大厦等企业用户。杨辉为这些企业量身定制的"袖珍农场"，价格自然不菲。下一步，他还计划与房地产商合作，直接为有需求的新房住户上门安装"鱼菜共生"设备。

为研制这套共生系统，杨辉失败了很多次。不过，他始终认为这是个不错的机遇。看准是机会，就不要轻言放弃。哪怕有一瞬间的胆怯和退缩，也许就放走幸运在这一刹那伸出的香饵。机遇就藏在身边，把它找出来，再牢牢攥在手里，让机遇牵引你走向璀璨的未来。

弯腰捡起希望

我平时看电视不多。不过每个周六晚上，总会在银屏旁守候那档大型综艺互动、游戏类节目。很喜欢它的形式：普通人讲述手中账单背后的故事，参与富有挑战性的游戏，以此赢得报销账单的机会。心里蠢蠢欲动，是不是也该去试试？

没想到报名申请竟然通过了。要报销什么呢？对了，母亲节前夕为妈妈买的榨汁机，价值两千多元，就报这个账单。

才艺展示阶段，我表演一段武术，通过了美女评审团的考核。走向游戏挑战区，心里有些紧张。深深吸上一口气，默默对自己说：练武术这么多年，完成这个游戏应该不成问题。

前两关过得很顺利，到了第三关，体能似乎有些下降。我稳住身形，准备一口气跳过转动的障碍物。腿却不听使唤，就在第一个障碍物，小腿被绊了一下。平衡瞬间失去，我掉入水池中。“对不起，你的挑战失败。”真想重来一次，不过这是不可能的。

回到家，情绪依旧很低落。母亲对我说：“你为什么不弯下腰，从障碍物下爬过去呢？”对呀，很多女选手就是采用这种方法，通过这关挑战的。

都怪我，认为这么做太过猥琐。弯腰爬过去，样子很难看，却很实用。有个好结果，管他过程难看干嘛？

很多人都在抱怨：为什么我得不到上天的眷顾？其实，机遇就在脚下，就看你有没有弯腰的意愿。

一个人走进荒漠前，曾被上帝告知，尽量多捡起地上的石头。那个人带着疑惑进入荒漠，一开始还听从上帝的忠告，只要看到有石子就捡起来。但是，沙漠内严酷的气候，再加上连续行走的劳累，使他对上帝的话产生怀疑。终于，他丧失耐心，不再弯腰捡拾地上的小石子，还扔掉其中一部分。他终于走出荒漠，安全返回营地。打开旅行包时，不禁惊呆：那些不起眼的小石子，已经变成闪闪发光的兰宝石。等他再次返回荒漠，地上已经没有小石子。

很多人的人生经历，就如故事中这个探险者。地上的小石子，就是人生机遇。遇到机遇时，会被表象迷惑，主观上否定它是机遇。人生是不可逆的，当岁月的航船缓缓驶过，不可能再退回到启航处，于是，我们只能望着航船的背影独自叹息。

一位出生在农村的研究生，第一天到校上课，发现教室内的地板上有些废纸屑。还没到上课时间，老师不在教室。看看周围，其他同学没有清扫意愿。他弯下腰，将地上所有废纸捡干净，这一切被坐在最后一排的外国教授看见。几分钟后，教授走上讲台，夸奖这位捡纸屑的研究生，并当着同学的面奖励他一美元。那时的一美元，还是很值钱的。此后的学习中，这位研究生得到教授特别关照，最终成为首位获得国际会计师资格认证的中国人。

故事中的主人公，抓住生活中不起眼的“一美元”，他所做的一切，其实没有付出很大代价，只不过是弯下腰捡起纸屑，却牵引出带给他一生幸福的“贵人”。有贵人相助，成功自然水到渠成。可能很多年以后，当时和这位研究生一起上课的同学中，很多人已经泯然于众人、淹没在滚滚的人流中。也许他们还不会明白，如果当初也像这位研究生，抓住潜在机遇，或许人生轨迹将改变。但是，人生不会有“也许”、“假设”……

听完这些讲述，相信很多人不会再抱怨得不到机遇青睐。上天对待每个人基本上公平的，成功者并不比普通人有更多机遇，只不过善于抓住转瞬即逝、看上去不是机遇的机遇。而平常人只是生活在没有机遇的抱怨中，对人生自暴自弃，进一步迷失前进方向。如果留心当下、留心自己的脚下，就会发现很多“小石子般”的宝石和“一美元”，正躺在地上等待着我们去发现……

“黑夜给了我一双黑色的眼睛，我却用它来寻找光明。”但愿每个人都有一双慧眼，善于发现人生中的机遇与希望。当某些不起眼的机遇出现在面前时，请放慢脚步、弯腰将它捡起。不要管周围人的评价和异样的目光，让未来的成功回击一切蔑视和留言。

弯腰不是低贱，而是捡起希望，只要有弯腰的勇气与信心，成功会在未来叩响你的人生之门。

在“岔路”上找回自信

“帮我想想办法，怎样才能让我儿子回心转意？”说话的是我的同事。他儿子我见过，是个阳光、有个性的男孩。据我同事说，他小时候就喜欢拆东西，录音机、电吹风、电风扇等小家电，都被拿来“开膛破肚”。

正是一次次动手实践，让他掌握了基本的机械原理。那些被拆卸的小家电，组装完毕后依然能使用。小学和初中阶段，他参加学校科技兴趣小组，制作的小发明还在市学生科技竞赛中获奖。

同事不反对儿子业余时搞点小发明、小创造，只是别影响考高中、考大学。但哪壶不开提哪壶，儿子偏偏和她拧着干。这年，她儿子初中毕业。尽管学习成绩一般，考上普通高中问题不大，他却执意填报几所技校，说自己不适合读大学。读技校，会被贴上学习成绩不好的标签。同事和她爱人不能接受这个事实，她更是个要强的人，儿子怎么可以“自毁前途”，这让脸面往哪儿搁？

不过，身处叛逆期的儿子，怎么会听得进母亲的教诲？为此，两人顶牛、闹翻了。

我没有直接回答，而是给她讲了一个故事。

2008 年高考，他以 660 多分、青海省理科第五名的成绩，被北京大学生命科学学院录取。他出生在农村，能考上北大这样的名校，在当地引起不小震动。全村人为他庆贺，父母也在别人面前忒有面子。

带着全村人的厚望，他来到未名湖畔。他认为生命科学是交叉学科，未来的职业前景一定不错。可是，一切似乎朝着设想之外的方向运行。专业课枯燥乏味，让他很不适应。他不想成为只会搞理论的学究，这不是他想要的生活。

他想换个专业，由于绩点不够只能作罢。他开始放纵自己，在网络游戏中醉生梦死。通宵“练级”、“做任务”，生了一场大病，不得不暂时休学、回家静养。身体稍微好一点，又决定利用这段时间，到社会上“闯荡”。当过电话接线员、做过流水线工人，因为没有一技之长，又不擅长交际，只能干些没有技术含量的工作。休学期满，他辞去工作，再次回到宁静的校园，希望重新找回自信。

现实再次泼他一盆冷水，他对未来越来越迷茫。就在此时，朋友邀请他参观就读的北京工业技师学院。课堂上，学习内容不只是枯燥的理论。来自生产第一线的老师傅，手把手传授几十年的经验。他被眼前的景象深深吸引，一个念头在心里萌发：从北大退学，到这所技师学院继续学业。

“什么？你要从北大退学，去一个从来没听到的学校？你是不是疯了？”很多人对他的想法表示难以置信。父亲在电话里和他吵了好几架，气得撂下几句话：“技校是什么地方？你这个高材生去那里读书，不是大材小用吗？如果不听我的话，以后有你后悔的。”

他不会改变自己的想法，决定先说服母亲。听到儿子的决定，母亲也很震惊。不过想到儿子在北大读书的痛苦经历，做娘的心还是软下来：与其让孩子一天到晚生活在苦恼中，还不如顺着他的兴趣尝试新的道路。终于，在母亲的劝说下，父亲同意他的决定。

2011年冬天，他来到北京工业技师学院求学。考虑到他有一定的操作基础，学校让他直接进入技师班学习，并给他配了最好的班主任。他终于有机会，近距离接触到十几台从瑞士进口的数控机器。为了赶上大家的进度，他学得格外认真：第一个来到实验室，一呆就是好几个小时，常常连饭也忘了吃。直到实验室管理员在一旁催促，才恋恋不舍地离开。

他的努力没有白费，凭借北大的理论基础和北京工业技师学院的技术学习，他成为学院最优秀的学生之一。2014年11月，第六届全国数控技能大赛决赛开幕式在北京工业技师学院举行。会场上，他代表参赛选手进行宣誓。比赛中，他的一招一式都显得那么娴熟，最终夺得数控技能大赛第一名。好多企业向这位行业技能高手伸出橄榄枝，他用成绩证明曾说过的话："如果一辈子都做自己不喜欢的事，你的一生就毁了。"

他叫周浩，是一名从北大退学的、在读的技校生。面对媒体采访，他自信地说："我所学的技术在生活中起着很大的作用，我不会后悔自己的选择。三百六十行，行行出状元、每个人只要在适合自己、自己感兴趣的岗位上工作，都会很强大的！"

讲完这个故事，这位同事不再一脸愁眉不展。既然儿子喜欢学技术，为什么要逼着他去做不适合的事呢？

正如乔布斯所说："你必须要找到你所爱的东西。"在别人认为的"岔路"上，周浩找回了自信，找到了他所热爱的事业，由此成就精彩人生。

机会不一定都在阳光大道上。或许不起眼的岔路上，也会蕴藏在金子般的机遇。如果大路不适合自己，就不要硬着头皮去凑热闹。转个弯，就会看到希望。

被命运绊倒，
前方仍会有机遇

《穿过大半个中国去睡你》，让我知道世上还有个叫于秀华的诗人。这个“睡”字，真够给力，一下子吊起阅读胃口。

她几乎一夜成名，短时间内成为各类媒体的关注焦点。笔下那些饱含深情的诗作，也一时洛阳纸贵，是出版机构争抢的“香饽饽”。

1 月 13 日，旅美学者沈睿发表一篇余秀华诗歌的读后感，用了很多惊世骇俗的语汇：“横空出世的诗人”、“语言的流星雨，灿烂得你目瞪口呆”、“诗歌的刺刀一刀见红”。在这篇读后感中，沈睿将余秀华称为“中国的艾米莉・狄金森”。

艾米莉・狄金森，除了听起来像是个外国人的名字，很多人头脑中都没有关于他的信息。不过“中国的 ×××”，戴上这个头衔，无疑有“开过光”效果。

余秀华在《活着》一诗中这样写道：“让我安静的时候写诗 / 穷苦的时候流浪 / 让我对路过的人和灯持永恒之爱 / 让我总是在该掏出匕首的时候掏出花朵 / 让我在能够申辩的时候保持沉默 / 即便如此，这世界还是没有给我一个春天 / 即便如此，我今天还在，打算喝一点酒后 / 去风里转转。”面对他人无法忍受的厄运，她显得那么淡然，选择诗歌作为灵魂安身立命之处。活着，代表着一种力量、一份坚韧。

出生时倒产、缺氧，造成脑瘫，进而行动不便。她只能一瘸一拐走在成长路上，高中毕业后赋闲在家。命运，早已将她绊倒。没人正眼看过她，闲言碎语、鄙夷的眼神，每天都在品尝。家人不对她抱有任何希望，谁会指望脑瘫病患者干出一番事业？唯一的希望，就是尽快找个人照顾她。19 岁那年，余秀华在父母安排下结婚。这段婚姻，留给她一个在武汉念大学的儿子。没有爱的婚姻，注定只有更多不幸和苦闷。直到现在，她和丈夫尚未离婚，却很少联系。亲情、爱情、家庭、婚姻……各种人伦之乐，她没有福分去享受。不是没有苦闷过，当痛苦一层层凝结在一起，就开始变得麻木，不再那么痛彻心扉。

她就像一只蚌，把伤痛裹在体内，化作一颗晶莹剔透的珍珠。

2009 年，她无意中看到一本诗集，一下子引起共鸣："从明天起，做一个幸福的人 / 喂马，劈柴，周游世界 / 从明天起，关心粮食和蔬菜 / 我有一所房子，面朝大海，春暖花开……"第一次发现：文字竟有这样的力量？我要做个幸福的人，幸福无关当前的遭遇，只是一份心境。心能转境，则无不自在。面对苦难的海洋，依旧可以春暖花开。她曾这么说过："一直深信，一个人在天地间，与一些事情产生密切的联系，再产生深沉的爱，以致无法割舍，这就是宿命。比如我，在诗歌里爱着，痛着，追逐着，喜悦着，也有许多许多失落——诗歌把我生命所有的情绪都联系起来了，再没有任何一件事情让我如此付出，坚持，感恩，期待，所以感谢诗歌能来到我的生命，呈现我，也隐匿我。"

她并没有用创作诗歌的心态，写下一段段文字。如同甩了枷锁的舞者，肆意面对空气狂舞着。歪歪扭扭的文字，很快填满一本笔记本，她是那么快乐。她还把这些作品给老师看，得到最真诚的鼓励：你真是个可爱的小女生，生活里的点点滴滴都变成诗歌。诗歌，让她赚到点赞，更收获自信。这种感觉，注定将与跟她相伴一生。

尽管精神上自由，肉体却让她举步维艰。脑瘫不仅使她走路倾斜，说话含糊不清。写字的右手一直在颤抖，根本无法握住笔。她只能用左手压住右手，这样才能勉强写出字来。每个字都写得艰难，像一条条趴在纸上的蚯蚓。后来练习用不那么颤抖的左手写，竟然比右手好些。电脑是对余秀华肉身的解放，不必再用颤抖的手握笔书写，而是伸出左手食指敲击键盘。几年间，她积存了几千首诗歌，主题多是对爱情、亲情、生活的感悟。

面对出名后的非议，她觉得这是很正常的事情。“我还是按照我的心意活着、写着。别人的看法跟我没有任何关系。好诗就是读着很感动，有启发，不是像白开水那样。”她就用这种恬淡的心态、不屈的意志，征服了命运，来了次彻底的逆袭。诗歌，源自那份对生命的爱，更是灵魂的呐喊。她会一辈子这样走下去，带着笑容走下去。

机会总是有的，无论你被命运整得如何之惨。要相信上天还是仁慈的，坚强地站起来，前方会有机遇。用追求恋人的痴情去找寻机遇，幸运又怎会不眷顾你呢？

图书在版编目（CIP）数据

人生不设限 ：让成功来得更猛烈些 / 嵇振颉著. --
北京 ：中国商业出版社，2015.12
ISBN 978-7-5044-9200-5

Ⅰ. ①人… Ⅱ. ①嵇… Ⅲ. ①成功心理－通俗读物
Ⅳ. ①B848.4-49

中国版本图书馆 CIP 数据核字（2015）第 279926 号

责任编辑：陈鹰翔

中国商业出版社出版发行
010-63180647　　www.c_cbook.com
（100053　北京广安门内报国寺 1 号）
新华书店总店北京发行所经销
北京中华儿女印刷厂印刷
*
880×1230 毫米　32 开　8 印张　170 千字
2016 年 1 月第 1 版　2016 年 1 月第 1 次印刷
定价：32.80 元
* * * *